Noções de
Química Forense

SÉRIE Ensino de **Química**

SÉRIE ENSINO DE QUÍMICA

Mariza Magalhães

Noções de Química Forense

2024

Copyright © 2024 Mariza Magalhães
1ª Edição

Direção editorial
Victor Pereira Marinho
José Roberto Marinho

Projeto gráfico
Fabrício Ribeiro

Diagramação e capa
Fabrício Ribeiro

Revisão
Marília Martins
mariliamartinsmagalhaes@yahoo.com.br

Converse com a autora
http://www.soparaprofessores.com.br

Edição revisada segundo o Novo Acordo Ortográfico da Língua Portuguesa

Dados Internacionais de Catalogação na Publicação (CIP)
(Câmara Brasileira do Livro, SP, Brasil)

Magalhães, Mariza
Noções de química forense / Mariza Magalhães. – São Paulo:
Livraria da Física, 2024. – (Série ensino de química)

Bibliografia.
ISBN: 978-65-5563- 417-4

1. Ciências forenses 2. Investigação criminal 3. Química forense I. Título. II. Série.

24-190606   CDD- 340.67

Índices para catálogo sistemático:
1. Química forense 340.67

Aline Graziele Benitez - Bibliotecária - CRB-1/3129

LF Editorial
www.livrariadafisica.com.br
www.lfeditorial.com.br
(11) 3815-8688 | Loja do Instituto
de Física da USP
(11) 3936-3413 | Editora

Apresentação da Série

A pesquisa em educação científica, incluída aí a educação química, avançou muito em nosso país nas últimas duas décadas, principalmente pelo crescimento da pós-graduação stricto sensu. Permanece, no entanto, a sensação de que a investigação acadêmica pouco tem transformado a realidade da sala de aula, apesar da clara influência que pode ser observada nas Orientações Curriculares Nacionais. Com o objetivo de aproximar a produção acadêmica e o fazer pedagógico, a série "Ensino de Química" pretende disponibilizar materiais didáticos frutos de pesquisas dos programas de pós-graduação em Ensino e Educação. A série intenciona abordar temas relevantes para o desenvolvimento de novas perspectivas no ensino de química, contribuindo assim para uma aproximação nos mais diversos níveis de escolaridade formal. Para tanto, pretende que as obras que a comporão tenham o perfil inovador e possibilitem o apoio necessário ao docente em ciências/química na elaboração de aulas em consonância com a pesquisa atual no campo da Didática das Ciências. Todos os originais são analisados pelo conselho editorial, formado por profissionais de diversas Universidades e Institutos de Pesquisa, nacionais e internacionais. Destarte, convidamos o leitor a uma imersão nas obras e desejamos que estas possam contribuir efetivamente com sua atuação docente.

Albino Oliveira Nunes
Josivânia Marisa Dantas
Coordenadores da série

Sumário

DEDICATÓRIA 11

INTRODUÇÃO 13

DEFINIÇÃO.. 15

IMPORTÂNCIA... 17

DISCIPLINAS AFINS.. 19

ALGUNS CASOS JUDICIAIS HISTORICAMENTE
IMPORTANTES 21
Caso Mary Blandy (1752)... 24
Caso John Bodle e o Teste de Marsh (1836) 24
Caso LaFarge (1840)... 27
Caso Visart (1850)... 28

A QUÍMICA NO ESCLARECIMENTO DE AÇÕES
COTIDIANAS ILÍCITAS 31
Uso de bebidas alcoólicas com anti-depressivos.................... 31
Teste do bafômetro para motoristas alcoolizados.................. 33
Identificação de rastros de sangue através do luminol 35
Identificação de resíduos de disparo de armas de fogo através
da Papiloscopia 37

Adulterações em bebidas e combustíveis e os riscos para a saúde............ 39

DESCRIÇÃO REDUZIDA DAS TÉCNICAS DE ANÁLISE ENFATIZADAS EM DOCUMENTOCOSPIA, BALÍSTICA E DROGAS DE ABUSO............ 45

Documentoscopia 47

TÉCNICAS INSTRUMENTAIS 49

Espectroscopia no infravermelho 49

Espectroscopia Raman............ 52

Espectrometria de massas 53

TÉCNICAS DE SEPARAÇÃO 57

Cromatografia 57

Eletroforese 61

BALÍSTICA 65

Microscopia eletrônica de varredura (SEM)............ 67

Espectrometria de absorção atômica (AAS)............ 70

Espectrometria de plasma indutivamente acoplado (ICP-AES) 72

DROGAS DE ABUSO............ 75

Técnica do EASI-MS............ 81

Doping esportivo 82

ALGO SOBRE A PERÍCIA NOS ALIMENTOS E A PERÍCIA AMBIENTAL 87

O QUÍMICO FORENSE 91

SUGESTÓES DE EXPERIÊNCIAS SIMPLES DE QUÍMICA FORENSE COMO INCENTIVAÇÃO PARA OS ESTUDANTES DA EDUCAÇÁO BÁSICA 95

CONCLUSÁO 111

ALGUMAS OBRAS CONSULTADAS 113

DEDICATÓRIA

Em memória de minha mãezinha Léa, eternamente presente em meu coração.

INTRODUÇÃO

O período pós-pandemia do COVID-19 tem trazido várias modificações nas vidas das pessoas, em todo o mundo. Algumas dessas alterações são muito boas, como a retomada da liberdade de vida, a recuperação do direito de ir e vir e o restabelecimento do contato face a face com os demais. Entretanto, há mudanças no comportamento humano que surpreendem pela motivação vazia e o modo como são executadas. Nesse contexto, delitos diversos têm sido cometidos, afetando a humanidade e a Natureza como um todo. A averiguação e o desvendamento desses crimes, com a identificação de seus autores, se fazem necessários não apenas com fim punitivo, mas de garantia de vida para todos. É nesse momento que a contribuição preciosa das Ciências Forenses, como a Química, se faz mais que indispensável. Partindo de fatos históricos importantes, que foram mostrando a necessidade de averiguações cada vez mais apuradas até chegar às técnicas de análise sofisticadas, como as que temos hoje, muito têm sido feito no combate contra a injustiça.

Esse livro aborda, simples e objetivamente, a contribuição que a *Química Forense* tem oferecido, em parceria com disciplinas afins, para a elucidação de situações delituosas. Há que se destacar a variedade das técnicas de análise empregadas e a importância do profissional que as executa, o químico forense. Para despertar o interesse dos estudantes da Educação Básica para esse ramo importante e em constante evolução da Química, foram propostos alguns experimentos simples, com materiais de aquisição fácil, para realização nas escolas.

DEFINIÇÃO

Química é a ciência que não apenas estuda a natureza e as propriedades dos diferentes materiais como também as leis que regem as transformações pelas quais eles passam e as energias aí envolvidas. Trata-se de uma ciência experimental, que se utiliza do *método científico*, ou seja, segue um conjunto de etapas importantes as quais orientam e tornam válida a pesquisa científica.

A palavra *forense* está associada tanto aos *tribunais*, locais onde são realizados julgamentos e audiências judiciais, como ao *Direito*, o conjunto de leis e regras que regem a sociedade. *Forense* deriva do termo *foro* ou *fórum*, em latim e que diz respeito à área em que dado tribunal tem competência. Muitas vezes a palavra *forense* está associada ao desvendamento de crimes diversos.

A *Química Forense* é, então, um ramo da Química dedicado à análise de substâncias distintas que podem ser importantes, na investigação de questões essenciais, relacionadas aos tribunais e à Justiça. Por fazer a ponte entre as partes científica, a Química e a humanística, o Direito, a *Química Forense* aprimorou sobremaneira a eficácia na resolução de investigações criminais diversas.

IMPORTÂNCIA

A intervenção da *Química Forense* se dá através de investigações cautelosas e diversificadas, executadas por especialistas, as quais englobam várias esferas. As operações realizadas com o objetivo de fornecer esclarecimentos técnicos à Justiça são denominadas *perícias*. Como muitos são os materiais sujeitos às imitações dolosas, as operações periciais mostram-se extremamente importantes, pois podem identificar e quantificar as fraudes. Com isso, conseguem oferecer provas que levem à punição de falsificadores.

As análises químicas desempenhadas dizem respeito às ocorrências policiais, questões relacionadas a práticas que causem algum tipo de dano na área trabalhista, crimes ambientais, tráfico de drogas diversas, doping esportivo, fiscalização no uso de álcool na direção de veículos, controle na falsificação de combustíveis e bebidas, investigação na remessa de materiais tóxicos por via postal, adulteração de produtos diversos tais como alimentos e medicamentos, envenenamentos, revelação de provas suprimidas em artefatos e veículos, resíduos de disparo em armas de fogo e materiais extraídos em cenas de crimes, dentre muitas outras ocorrências, as quais apenas comprovam a importância desempenhada pela *Química Forense* no mundo desse terceiro milênio.

Exemplo de literatura que, antes, era usada apenas pelos profissionais de Direito e que, agora, passa a fazer parte do universo dos profissionais da Química.

DISCIPLINAS AFINS

Como as atividades periciais estão intimamente associadas às análises científicas, várias áreas do conhecimento, não apenas a Química, têm contribuído para o esclarecimento de investigações. Dentre elas estão Arqueologia, Biologia, Computação, Criminalística, Engenharia, Medicina, Odontologia, Patologia e Toxicologia. Quase tão importante como a Medicina, a *Química Forense* tem tido grande contribuição como, por exemplo, nos casos de envenenamentos. Ela lança mão de análises toxicológicas diversas utilizando, para isso, vários tipos de amostras de materiais orgânicos e inorgânicos.

ALGUNS CASOS JUDICIAIS HISTORICAMENTE IMPORTANTES

O fim do ciclo da vida sempre atraiu a atenção humana. Daí o interesse em procurar respostas em relação às motivações que resultam na morte dos indivíduos. Tal curiosidade reforça o papel que a Química e as demais ciências forenses têm exercido na elucidação das causas de morte, sejam elas naturais ou não. Mesmo os estudantes de Medicina, por vezes, ao se depararem com corpos desnudos de cadáveres, a fim de dissecá-los, podem sentir-se invadidos por conflitos existenciais que tanto podem impactá-los como perturbá-los.

A utilização do conhecimento químico, na averiguação de possíveis crimes, remonta a tempos distantes. Sabe-se que povos egípcios, romanos e gregos faziam uso de algumas substâncias em envenenamentos. Tanto que, em Roma, em 82 a.C., já existiam leis que tornavam ilegal o uso de substâncias tóxicas. O filósofo grego Demócrito de Abdera (460 a.C.-370 a.C.) mencionou algumas de suas pesquisas no assunto ao, também grego, médico Hipócrates (460 a.C-377 a.C.). Nessa época usava-se muito o veneno de escorpião e o arsênico tanto para provocar envenenamentos intencionais como para cumprir execuções. O veneno de escorpião é neurotóxico, isto é, ataca o sistema nervoso das vítimas.

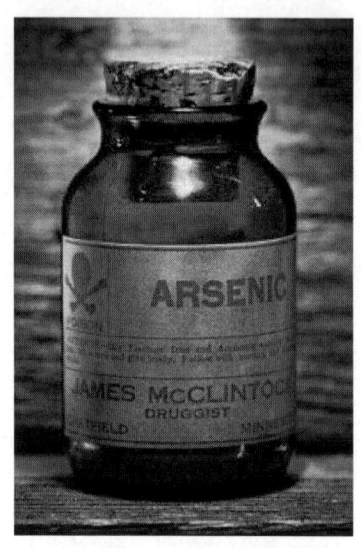

Arsênico: pó de herança ou **pó da sucessão**
(Extraído de https://crimescribe.com/2014/08/02/mathieu-orfila-father-of-toxicology/comment-page-1/ acessado em 11/05/2023)

Outro filósofo grego, Sócrates (470 a.C–399 a.C.), pela acusação de incomodar a ordem pública recebeu, como sentença de morte, um cálice contendo cicuta (*Conium maculatum*), planta extremamente venenosa. Ela contém *coniína* ($C_8H_{17}N$), um alcalóide (derivado das aminas, pela substituição de um ou mais hidrogênios da amônia – NH_3) líquido, de gosto ardente, capaz de paralisar os nervos motores.

O filósofo Sócrates
(Extraído de https://brasilescola.uol.com.br/biografia/socrates-
biografia.htm, acessado em 11/05/2023)

Ao longo da história da Humanidade tem sido usado o envenenamento por arsênico, também conhecido como *pó de herança* ou *pó da sucessão*. Isso porque pessoas entendidas no assunto costumavam ser consultadas quando havia interesse em executar, *com discrição*, certos indivíduos ou por motivos de herança ou por desejos de ascensão social. Dentre os muitos efeitos que o veneno de escorpião, o arsênico e a cicuta podem provocar estão dificuldade para respirar, convulsões e dor muscular intensa, até com paralisia. Entretanto, a preferência pelo arsênico se dava pelo fato dos sintomas de envenenamento por ele serem confundidos com os de cólera, doença infecciosa caracterizada por dor abdominal, vômitos, diarréia e fraqueza.

É necessário esclarecer a diferença existente entre os termos *arsênio* e *arsênico*. O arsênio (As) é um ametal tido como um dos cinco elementos químicos mais letais do mundo tal como chumbo (Pb), tálio (Tℓ), antimônio (Sb) e mercúrio (Hg). Ele está presente na composição química do arsênico (As_2O_3), nome popular de um dos óxidos de arsênio, o trióxido de arsênio considerado, desde o

Império Romano (entre 27 a.C. e 476 d.C.) até a Idade Média (476 d.C.-1453), o *rei dos venenos*. É um sólido branco, sem cheiro que, ao ser misturado em alimentos e bebidas, não provoca gosto.

O arsênico podia ser aplicado de modo constante, em doses diárias pequenas, oferecendo um panorama de aparente intoxicação alimentar e de detecção difícil. Caso a opção fosse por *dose única* ocorria morte por choque, após cólicas abdominais intensas. Essa *dose fatal* era equivalente a uma quantidade de trióxido de arsênio de igual valor, em tamanho, ao de um caroço de ervilha.

Caso Mary Blandy (1752)

O primeiro julgamento legal usando provas químicas, como parte das evidências, ocorreu na Inglaterra e ficou conhecido como *caso Mary Blandy*. Em 1751, provavelmente estimulada por William Henry Cranstoun, seu namorado, Mary Blandy resolveu colocar arsênico no chá e, depois, no mingau de seu pai, Francis Blandy. Na época o arsênico, em doses pequenas, era considerado apenas um *fortificante*. Talvez por isso Mary o chamasse de *pó do amor* e esperava que o arsênico apenas diminuísse a repulsa que Francis nutria por William. Mary foi condenada à morte por enforcamento.

Caso John Bodle e o teste de Marsh (1836)

Do mesmo modo como existiam *envenenadores profissionais* também haviam pesquisadores empenhados em detectar a presença de arsênico nos cadáveres das vítimas. Um desses era o britânico James Marsh (1794-1846). Ele foi convocado, como químico, pela promotoria então encarregada da acusação da vítima e da fiscalização na aplicação da Lei, em um julgamento de assassinato. É que um cidadão de nome John Bodle Jr. foi acusado de envenenar seu avô com café contendo arsênico. Basicamente Marsh realizou o teste padrão misturando fluidos orgânicos da vítima com sulfeto de hidrogênio (H_2S). Tal reação química deu origem a um produto de coloração amarela, o trissulfeto de arsênio (As_2S_3).

$$As_2O_3 + 3H_2S \rightarrow As_2S_3 + 3H_2O$$

Na demonstração para o júri, houve deterioração do trissulfeto de arsênio e isso fez como que Bodle, o suspeito, fosse absolvido.

$$As_2S_3 \rightarrow 2As + 3S$$

Diante desse fato, Marsh resolveu aprimorar o teste. Fez reagir uma amostra contendo arsênico, em presença de grânulos de zinco (Zn^0) e ácido sulfúrico (H_2SO_4). Isso deu origem à *arsina*, também conhecida como hidreto de arsênio (AsH_3), substância inorgânica, gasosa, bastante tóxica que, na temperatura ambiente, é inflamável.

$$As_2O_3 + 6Zn^0 + 6H_2SO_4 \rightarrow 2AsH_3\uparrow + 6ZnSO_4 + 3H_2O$$

Pelo fato de ser um agente redutor potente, a arsina possui enorme afinidade pela hemoglobina, presente nos glóbulos vermelhos do sangue, responsável por fixar o oxigênio do ar e encaminhá-lo às células.

Ao fazer a arsina passar por um tubo aquecido haverá a sua decomposição. O resultado será a liberação de hidrogênio gasoso e arsênio o qual pode ser observado em uma superfície fria, formando um *espelho de arsênio*, proporcional à quantidade de arsênio presente na amostra em análise. Isso mostra que o teste de envenenamento por arsênico foi positivo.

$$2AsH_3 \rightarrow 2As + 3H_2\uparrow$$

Para comprovar a presença de arsênio, a arsina pode ser submetida a uma reação com nitrato de prata ($AgNO_3$). A princípio haverá a formação de um produto de coloração amarela ($AsAg_3.3AgNO_3$) que, posteriormente, sofrerá redução até a formação de prata metálica (Ag^0).

$$AsH_3 + AgNO_3 + 3HNO_3 \rightarrow AsAg_3.3AgNO_3 \rightarrow 6Ag^0 + H_3AsO_3$$

Desenvolvido em 1836, o teste de Marsh é usado ainda hoje. Foi o primeiro experimento confiável que demonstrava, cientificamente, a presença de arsênico no corpo de uma vítima. Ele provou que, através das análises químicas, várias questões de relevância jurídica podem ser elucidadas. É necessário lembrar que, até meados do século XVIII, grande parte das investigações criminais fundamentava-se apenas em evidências circunstanciais e depoimentos vazios, sem comprovação.

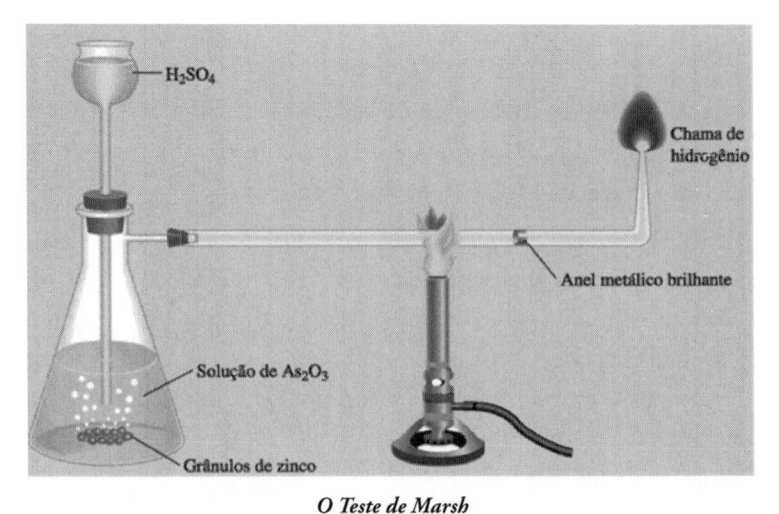

O Teste de Marsh
(Extraído de https://www.timetoast.com/timelines/quimica-forense-a19701f5-02d7-4a46-befb-4b2463bf65b4, acessado em 11/05/2023)

Caso LaFarge (1840)

O químico espanhol Mathieu Joseph Bonaventure Orfila (1787-1853), fundador da Toxicologia, foi mais um a vencer a distância entre a Toxicologia e um tribunal penal. As tensões entre Marie-Fourtunée Capelle e seu marido, Charles LaFarge eram freqüentes. É que os dotes refinados da mulher, como tocar piano e ler poesias não se adequavam ao local em que foram morar, logo após o casamento. Com o tempo, Marie LaFarge pareceu ter se adaptado à nova vida. Entretanto, em 1840, Charles LaFarge apareceu morto, envenenado com arsênico misturado a pastéis, remédios e bebidas que Marie servia a Charles.

Mathieu Orfila, requisitado na investigação do caso, realizou o teste de Marsh, porém os resultados não foram satisfatórios. Ciente da razão que poderia levar o teste de Marsh a resultados inconclusivos, Orfila decidiu testar os alimentos e a louça que foram servidos no dia da morte de Charles LaFarge, em vez de seu estômago. É que verificar o estômago de uma pessoa suspeita de envenenamento pode dar uma idéia sobre as ocorrências que levaram a vítima a óbito. A análise do estômago permite saber quando o alimento foi digerido e quais poderiam ter sido as últimas ações da pessoa falecida. Com isso, Mathieu Orfila obteve uma resposta positiva e Marie LaFarge acabou condenada por envenenamento.

Mathieu Orfila: o pai da Toxicologia Forense
(Extraído de https://en.wikipedia.org/wiki/Mathieu_Orfila, acessado em 11/05/2023)

Caso Visart (1850)

Em 1850, na Bélgica, ocorreu um crime de grande repercussão. O nobre Hippolyte Visart de Bocarmé (1818-1851) precisava urgentemente de dinheiro e resolveu convidar seu cunhado, Gustave Fougnies, para jantar em seu Castelo de Bitremont. Acabou por envená-lo com nicotina ($C_{10}H_{14}N_2$), uma droga psicótica líquida e de coloração amarela que vem a ser o princípio ativo, isto é, o componente que exerce efeito farmacológico, do tabaco (*Nicotiana tabacum*).

Esse crime representa o surgimento da *Química Forense* uma vez que, para comprovar o envenenamento de Fougnies, a polícia pediu ajuda ao médico e químico belga Jean Servais Stas (1813-1891). Este conseguiu detectar nicotina no corpo de Fougnies e isso fez com que Visart fosse condenado à morte, por guilhotina, em 1851.

Jean Servais Stas: químico belga
*(Extraído de https://commons.wikimedia.org/wiki/File:Jean_
Servais_Stas.png, acessado em 11/05/2023)*

5

A QUÍMICA NO ESCLARECIMENTO DE AÇÕES COTIDIANAS ILÍCITAS

A Química, tal como várias outras áreas do conhecimento, tem tido aplicação cotidiana no esclarecimento de ações ilícitas. Dentre elas, cinco situações muito comuns podem ser citadas, como o uso de bebidas alcoólicas com antidepressivos, o teste do bafômetro para motoristas alcoolizados, a identificação de rastros de sangue através do *luminol*, a detecção de resíduos de disparo de armas de fogo por meio da *Papiloscopia* e as adulterações em bebidas e combustíveis e os riscos para a saúde.

Uso de bebidas alcoólicas com antidepressivos

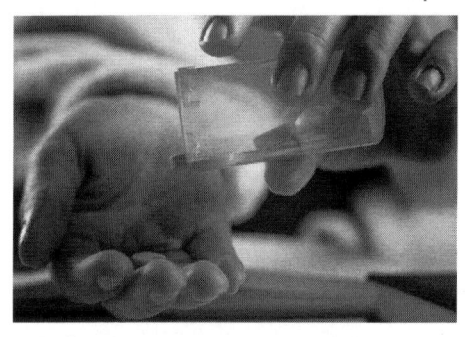

Álcool e antidepressivos: mistura perigosa
(Extraído de https://img.freepik.com/fotos-gratis/derramando-os-comprimidos-do-frasco-laranja-no-plam_549566, acessado em 19/09/2023)

O consumo de medicamentos antidepressivos associado à ingestão de bebidas alcoólicas é perigoso. Tal preocupação, em nosso país, se justifica pelo fato de que, de acordo com pesquisa feita pela Organização Mundial de Saúde (OMS), em 2019, o povo brasileiro é considerado como dos mais ansiosos do mundo e, neste universo, encontram-se vários condutores de veículos. A depressão tem como características a falta de concentração e de interesse nas coisas bem como alterações no apetite e no sono. Com o uso de antidepressivos esses efeitos podem ser minimizados. É que tais medicamentos, por apresentarem estruturas químicas diversas têm, conseqüentemente, ações distintas no organismo. O álcool age como depressor do sistema nervoso central, rebaixando as habilidades cognitivas do indivíduo e atrapalhando o controle de impulso e de julgamento. Fora isso, o álcool também diminui, gradualmente, no cérebro, os níveis do neurotransmissor *seratonina* associado ao humor e bastante relacionado aos sintomas de depressão. Como o álcool tem metabolização hepática, seu uso prolongado também afeta as funções do fígado. Assim, o uso de bebidas alcoólicas com antidepressivos tanto pode potencializar a eficácia destes medicamentos como reduzí-la.

É através da coleta de amostras de cabelos (na nuca) e pelos do corpo (axilas e pernas, por exemplo) que se detecta o consumo de antidepressivos. O exame laboratorial usado para detectar elementos tóxicos no interior dos fios denomina-se *mineralograma capilar*. Nele faz-se a identificação da quantidade tanto dos elementos essenciais (os *oligoelementos* como cálcio, fósforo e potássio) quanto dos nocivos ao organismo (como o alumínio e metais pesados como chumbo e mercúrio). Estes últimos não devem ser encontrados em quantidades significativas, pois não trazem benefícios. O excesso desses elementos é incorporado à raiz de cabelos e pelos corporais durante o estágio inicial de crescimento e permanecem nos fios mesmo após meses de consumo.

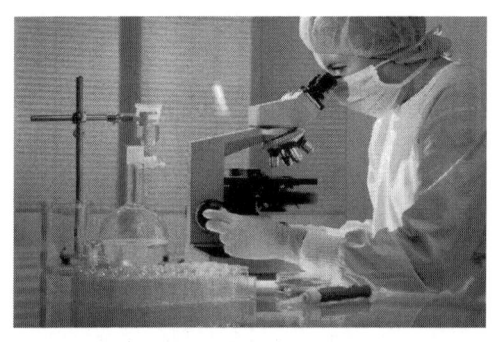

Mineralograma capilar
(Extraído de https://www.tuasaude.com/mineralograma, acessado em 21/08/23)

Teste do bafômetro para motoristas alcoolizados

Operação Lei Seca
(Extraído de https://www.diariodepetropolis.com.br/integra/operacao-lei-seca-pega-188-motoristas-na-bauernfest-em-petropolis-243240, acessado em 19/09/2023)

O *etilômetro*, dispositivo popularmente conhecido como *bafô-metro*, é um exemplo típico de como uma simples reação de oxi--redução pode salvar vidas. Ele serve para indicar se condutores de veículos ingeriram ou não bebidas alcoólicas. Com isso, a Lei Seca (Lei 11705, de junho de 2008) tem sido aplicada com rigor a fim de surpreender motoristas alcoolizados, passíveis de cometer infrações diversas ou crimes.

No etilômetro mais simples o ar é soprado dentro de um tubo contendo dicromato de potássio ($K_2Cr_2O_7$), de coloração alaranjada, em meio ácido. Assim quando o álcool, exalado pelo motorista embriagado, entra em contato com a solução de dicromato de potássio, acidulada com ácido sulfúrico (H_2SO_4), uma reação de oxi-redução é desencadeada. O dicromato de potássio oxida o etanol (C_2H_5OH) a etanal (C_2H_4O). Na reação final, o dicromato de potássio, amarelo alaranjado dá origem, entre outros produtos, ao sulfato de cromo III, de coloração verde-escura. É essa mudança de coloração que indica a embriaguês do motorista.

$$K_2Cr_2O_7 + 4H_2SO_4 + 3C_2H_5OH_{(vapor)} \rightarrow 3C_2H_4O + K_2SO_4 + Cr_2(SO_4)_3 + 7H_2O$$

Um pouco mais moderno, o *etilômetro eletrônico* ou *bafômetro digital* não apenas indica a presença de etanol no ar exalado como também sua quantidade. Utiliza, para isso, princípios eletroquímicos, pois o etanol é oxidado sobre um disco plástico poroso, umedecido com ácido sulfúrico, coberto com pó de platina, que age como catalisador. Um eletrodo é conectado a cada lado do disco. A corrente elétrica produzida pela reação é lida numa escala proporcional ao teor de álcool no sangue. No ânodo, ocorre a oxidação, na presença do catalisador e, no cátodo, ocorre a redução do oxigênio presente no ar.

Semi reação no ânodo: $3C_2H_5OH_{(vapor)} \rightarrow C_2H_4O_{(vapor)} + 2H^+ + 2e^-$

Semi reação no cátodo: $0,5O_2 + 2H^+_{(aq)} + 2e^- \rightarrow H_2O(\ell)$

Equação completa: $3C_2H_5OH_{(vapor)} + 0,5O_2 \rightarrow C_2H_4O_{(vapor)} + H_2O(\ell)$

Identificação de rastros de sangue através do luminol

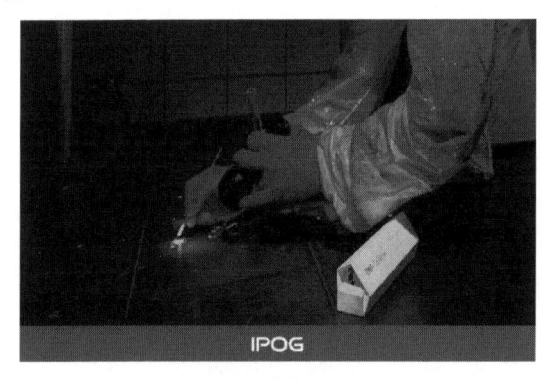

O teste do luminol
(Extraído de https://blog.ipog.edu.br/wp-content/uploads/2021/08/22062-topo-Luminol.jpg, acessado em 19/09/2023)

O *luminol* (5-amino 2,3-dihidroftalazina 1,4-diona, $C_8H_7N_3O_2$) é uma substância que se apresenta como sólido cristalino branco-amarelado. Foi descoberto em 1928, mas apenas em 1937 passou a ser usado em investigações criminais. Ele é empregado misturando-o à água oxigenada (peróxido de hidrogênio, H_2O_2) dando uma solução líquida. Quando o luminol reage com a água oxigenada, em meio alcalino, há emissão de luz fluorescente. Entretanto, tal reação química é lenta, não sendo possível observá-la apenas com a mistura dos reagentes que, embora sendo os responsáveis pela reação, necessitam da presença de um catalisador para acelerar o processo. Em contato com os íons ferro, no estado de oxidação +2, presentes na hemoglobina, proteína responsável pelo transporte de oxigênio no sangue, a reação química acontece rapidamente, surgindo a luz radiante.

$$C_8H_7N_3O_2 \text{ (luminol)} \rightarrow C_8H_5NO_4 \text{ (3-amino ftalato)}$$

É por esse motivo que, ao ser borrifado em algum local sob suspeita de derramamento de sangue, observa-se a quimiluminescência do luminol. Na verdade, nessa reação química, o luminol perde átomos de nitrogênio e hidrogênio, porém ganha átomos de oxigênio dando como produto de reação o 3-amino ftalato. Nessa substância, os elétrons encontram-se em um nível de energia superior ao das substâncias reagentes. Em se tratando de um estado excitado e, portanto, instável os elétrons, ao retornar a um nível energético inferior, emitem a energia extra sob a forma de ondas eletromagnéticas visíveis, como luz, perceptíveis aos nossos olhos na faixa de comprimento de onda na coloração azul.

É preciso esclarecer que íons de cobre, cobalto e a água sanitária (hipoclorito de sódio, NaCℓO) também podem reagir com o luminol, produzindo falsos positivos. É que, nesses casos, ocorre luminescência mesmo quando não há vestígios de sangue no local testado. Para confirmar as suspeitas, fazem-se necessárias as análises em microscópio.

Identificação de resíduos de disparo de armas de fogo através da Papiloscopia

Perito em ação
(Extraído de https://www.ceara.gov.br/wp-content/uploads/2023/06/6-768x769-1.jpg, acessado em 19/09/2023)

Para encontrar resíduos de disparo de armas de fogo, os quais contém metais pesados como o bário ($_{56}Ba^{137}$) e chumbo ($_{82}Pb^{207}$), é comum a aplicação de uma solução de *rodizonato de sódio* ($C_6Na_2O_6$) de coloração amarelo-amarronado. Com o íon bário, no estado de oxidação +2, haverá a formação de um produto de coloração laranja. Com o íon chumbo, no mesmo estado de oxidação, ocorrerá a formação de um produto rosa. Entretanto, esses testes qualitativos funcionam apenas como um indicativo de suspeita, pois não confirmam, com veracidade, a presença de um resíduo de tiro, podendo ser um falso positivo. Isso pode acontecer tanto devido a uma contaminação como pelo fato do suspeito de disparo ter manuseado algo que tivesse chumbo em sua composição química.

Também muito usada é a *Papiloscopia*, que estuda as impressões digitais, com o objetivo de fazer identificação humana. Não se trata de uma técnica recente uma vez que, há mil e quinhentos anos, já existiam relatos de marcas de mãos em cavernas pré-históricas.

A impressão digital faz parte da fisiologia do ser humano. É formada por volta do sexto mês de gestação e permanece até a decomposição do corpo. Fora isso, os desenhos papilares não perdem a forma original, com o passar do tempo, à exceção da ocorrência de algum acidente, como o manuseio constante de produtos químicos lesivos à pele. Edmond Locard (1877-1966), considerado o *pai da Criminalística*, que estuda o crime em si mesmo, revelou que o número ideal de minúcias em uma impressão digital deve ser em número de doze.

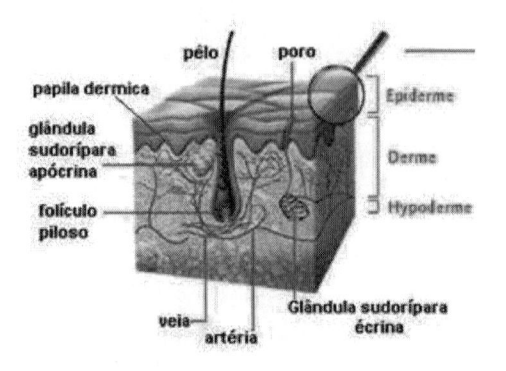

Corte representativo do maior órgão do corpo humano: a pele
(*Extraído de* https://www.csj.com.br/blog/ensino-medio-2o-ano-aprende-sobre-ciencia-forense-durante-itinerario-formativo-a7b282, acessado em 30/07/2023)

A Papiloscopia faz uso da ninidrina (2,2-dihidroxi-hidrindeno 1,3-diona, $C_9H_6O_4$) um sólido branco à temperatura ambiente. Ela reage com substâncias presentes no suor e nas secreções da pele deixadas nos objetos tocados, revelando a impressão digital que poderá identificar o suspeito de praticar um delito. No começo da investigação, no local do crime, as impressões digitais ainda não são aparentes e, por isso, são chamadas de *vestígios latentes*. Somente após o tratamento com substâncias químicas, como a *ninidrina*, é que tais impressões passam a se tornar visíveis, passando a ser denominadas *vestígios visíveis*. Quimicamente, a ninidrina detecta aminas primárias, substâncias orgânicas nitrogenadas derivadas da amônia (NH_3) e que tem apenas um de seus hidrogênios substituído por radicais alquila ($R-NH_2$) ou arila ($Ar-NH_2$). As aminas primárias estão presentes especialmente em aminoácidos, unidades formadoras das proteínas, as quais apresentam pelo menos um grupo amino ($-NH_2$) e um grupo carboxila ($-COOH$) em sua estrutura. Como o suor é formado por uma solução aquosa que contém, entre outras substâncias, aminoácidos e uma porção pequena de proteínas a ninidrina, ao reagir com essas aminas livres, que constituem o suor, dão origem ao complexo colorido *púrpura de Ruhemann*, de coloração azul-violeta.

Ninidrina + aminoácido → complexo púrpura de Ruhemann + CO_2 + aldeído

As impressões digitais podem ser colhidas em vários tipos de materiais diferentes tais como borracha, couro, madeira, metal, papel, plásticos e tecidos, dentre outros. O material colhido é, então, levado ao laboratório de análises e, confrontado com as impressões que constam em um banco de dados (AFIS, do inglês *Automated Fingerprint Identification System*), os possíveis suspeitos de praticarem um crime serão apontados.

Adulterações em bebidas e combustíveis e os riscos para a saúde

Adulterar é imitar, de modo fraudulento, um determinado material de interesse. As motivações que levam à falsificação passam pela redução dos custos de produção e o aumento da vida útil dos materiais. A adulteração se dá com a adição de determinada substância ao material de interesse, o que leva à queda de sua qualidade. Isso tanto pode provocar riscos à saúde, como as alergias, quanto prejuízo no desempenho de veículos automotores. São muitos os materiais sujeitos às imitações dolosas e, dentre eles, estão alimentos, bebidas, combustíveis, explosivos e perfumes além das alterações a que estão sujeitas as análises de metais nobres, como o ouro, os exames residuográficos, que buscam vestígios de metais em uma pessoa suspeita de ter cometido algum delito e a produção de cigarros.

Mesmo sendo muito tênue a barreira existente entre as substâncias tidas como aditivos químicos e as substâncias tidas como adulterantes, as alterações a que estão sujeitos os materiais são vistas como ilegais, de acordo com a Lei 9677/1998, do Código Penal Brasileiro. Nos últimos anos, vários casos de fraudes têm sido notificados, particularmente em bebidas alcoólicas e combustíveis.

A proximidade das grandes festas anuais, como as confraternizações de final/início de ano e o Carnaval, onde é certa a circulação de bebidas alcoólicas, incentiva a ação de fraudadores. Isso é preocupante, pois a manipulação das bebidas, sem a higiene apropriada, leva às suas contaminações, especialmente pela inexistência de um controle de qualidade adequado. As marcas famosas de bebidas importadas sofrem adulteração de seus conteúdos quer seja pela mistura com outras bebidas do mesmo tipo, porém com qualidade inferior, quer seja pela prática da diluição da bebida original, alterando seu teor alcoólico. Também pode acontecer a adição de corantes, visando reproduzir a coloração original e a troca de rótulos, fazendo com que marcas de menor valor tenham o rótulo de outra bebida com valor mais elevado.

Os peritos oferecem três orientações para identificar bebidas falsificadas. A primeira delas está na impressão de rótulos manchados de cola e no selo presente no lacre. A segunda identificação está na coloração, mais clara ou mais escura e com pequeníssimas partículas em seu conteúdo. A terceira reside no valor de venda do produto, pois caso esteja muito abaixo do costumeiramente cobrado provavelmente estará falsificado.

Produção artesanal de cervejas
(Extraído de https://abrasel.com.br/site/assets/files/8475/maniacs-destaque-1024x682.700x0-is.jpg, acessado em 15/11/2023)

A perícia criminal tem identificado, não tão somente nas bebidas, mas também nos combustíveis, a presença de substâncias que não estão em conformidade com o padrão estabelecido pela vigilância sanitária. Isso passa pelo teor alcoólico acima do permitido e pela presença de substâncias tóxicas, como o metanol (CH_3OH) e o dietilenoglicol ($C_4H_{10}O_3$).

O metanol é uma substância orgânica pertencente à função álcool que pode ser absorvida pela pele, inalada ou ingerida. Por ser tóxico, pode provocar tonteiras, dores de cabeça, náuseas e vômitos. Tais distúrbios podem evoluir para outros, de maior gravidade, como os neurológicos e os relacionados à perda de visão. O uso do metanol é feito com o objetivo de reduzir os custos de produção da mercadoria, pois é isento de impostos e sua adição oferece maior rendimento à mistura.

Nos tanques de combustível, o metanol sofre reação de combustão que dá como produto principal o formaldeído (CH_2O) ou aldeído fórmico o qual apresenta propriedades cancerígenas.

$$CH_3OH + 0,5O_2 \rightarrow CH_2O + H_2O\uparrow$$

Assim sendo várias pessoas, que não apenas os frentistas e os motoristas que abastecem seus veículos são afetadas pelo combustível adulterado com metanol. Isso torna o seu uso uma ação criminosa, pois desencadeia um problema de saúde pública. Ainda que a legislação vigente proíba seu uso, existe dificuldade na identificação desse crime, acarretando prejuízos não apenas para as pessoas, mas também para os sistemas de saúde.

O dietilenoglicol, classificado quimicamente como um *diol* ou *glicol*, é uma substância orgânica que apresenta dois grupos hidroxila (-OH), grupos funcionais característicos dos álcoois. Tem usos variados, mas é tóxico tanto para animais como para seres humanos, embora as informações sobre a toxicidade humana ainda sejam limitadas. Tal como o metanol, a contaminação por dietilenoglicol provoca náuseas e vômitos que podem evoluir para insuficiência renal e modificações neurológicas. Quando misturado com água é usado como anticongelante uma vez que, como outros *dióis*, abaixa o ponto de fusão e eleva o ponto de ebulição de uma solução, adequando-a a climas mais amenos. Mesmo que seu uso não seja permitido, casos de contaminação por dietilenoglicol foram identificados no consumo de cervejas artesanais. Nas cervejarias, a solução formada por dietilenoglicol e água circula pela parte externa do tanque de fermentação, conhecida como *serpentina,* o que permite o resfriamento do conteúdo do tanque. Isso é necessário uma vez que a temperatura da cerveja, durante o processo de fermentação, precisa permanecer entre oito e dez graus Celsius. Portanto, a solução de resfriamento contendo dietilenoglicol não entra em contato com o conteúdo do tanque de fermentação. A explicação dada para a contaminação das cervejas artesanais por dietilenoglicol foi a de que o tanque de fermentação *sofreu perfuração.*

Adulteração de diesel, etanol e gasolina é ilegal, mas ocorre e pode gerar sérios defeitos em seu veículo
(Extraído de https://www.cnnbrasil.com.br/economia/abasteceu-o-carro-com-combustivel-adulterado-saiba-quais-sao-os-seus-direitos/ acessado em 15/11/2023)

6

DESCRIÇÃO REDUZIDA DAS TÉCNICAS DE ANÁLISE ENFATIZADAS EM DOCUMENTOSCOPIA, BALÍSTICA E DROGAS DE ABUSO

A *Química Forense* tem despertado o interesse tanto da comunidade científica como de leigos. Isso se justifica pelo fato dela ser um ramo importante das ciências forenses, uma vez que produz provas materiais para a Justiça, por meio da análise de substâncias diversas, em materiais diferentes.

A atividade mais evidente de um químico forense é a identificação de materiais distintos, uma vez que manipulará amostras e provas de origens diversas. Isso mostra o valor das análises químicas, bem executadas, no esclarecimento de várias questões de importância jurídica. Entretanto, mesmo lidando com evidências, não cabe ao químico forense a condução de qualquer trabalho de investigação. Diversas técnicas têm sido empregadas, uma vez que as conclusões obtidas pelas análises químicas têm sido de grande importância, a fim de embasar decisões da Justiça.

Para realizar as análises químicas, muitos tipos de materiais orgânicos e inorgânicos podem ser requisitados. Tais materiais podem ser colhidos das vítimas ou dos lugares onde se deram os crimes ou demais ocorrências. Assim, são passíveis das mais diversas análises químicas materiais como cinzas, esperma, fezes, fibras, fios de cabelo, fragmentos de vidro, fluidos orgânicos, humor vítreo (material gelatinoso dos olhos), lascas de tintas, mecônio (primeiras fezes dos recém-nascidos), papéis depositados nas lixeiras dos banheiros, peças de roupas, poeira, pós, resíduos de armas de fogo, sangue, secreções, suor, tecidos de órgãos do corpo, urina, vômitos e uma variedade de outros materiais.

As técnicas de análise são procedimentos que visam alcançar um determinado resultado e o conjunto dessas técnicas que guardam entre si mesmas certa coesão, constitui o que se chama *método*. Muitos métodos de análise têm sido empregados para a elucidação de questões complexas envolvendo, por exemplo, vários tipos de crimes. Dentre eles estão os crimes contra a administração pública, ambientais, dignidade sexual, fraudes diversas em alimentos, bebidas e medicamentos, patrimônio e os relacionados ao uso de drogas.

Enquanto a Criminologia leva em consideração o contexto social de um crime, a Criminalística tem como objeto principal de estudo o crime em si mesmo e, para isso, as técnicas de análises químicas têm sido de grande valor. Criminologia e Criminalística são igualmente importantes a fim de compreender o delito cometido de uma maneira mais completa, permitindo a aplicação das leis e a conclusão dos casos.

A existência de uma diversidade de técnicas de análise é justificada pelo fato da *Química Forense* estar fundamentada na aplicação do conhecimento químico com o objetivo de auxiliar questões de natureza jurídica. Não é possível deixar de enfatizar que a *Química*

Forense tem, na Física, uma excelente aliada no processo de identificação dos materiais. Dentre tantos procedimentos existentes, aqueles que estejam diretamente relacionados à prática do químico forense merecem ser enfatizados. Eles envolvem as áreas de *Documentoscopia, Balística e Drogas de abuso.*

Documentoscopia

A Documentoscopia é a parte da Criminalística que estuda a autenticidade de documentos. Embora existam outras áreas do conhecimento que também têm foco nos documentos, o diferencial da Criminalística se dá pelo fato dela não apenas se restringir em averiguar a legitimidade de um documento. Ela também investiga sua autoria bem como os recursos empregados para produzi-lo. Na Documentoscopia têm sido usadas não apenas as técnicas instrumentais como *espectroscopia no infravermelho, espectroscopia Raman e espectrometria de massas,* mas também as técnicas de separação como *cromatografia e eletroforese.*

É relevante recordar o significado dos termos *espectro, espectroscopia* e *espectrometria.* A palavra *espectro* é muito usada na Física para designar o conjunto de raios coloridos resultantes da decomposição, através de um cristal, de qualquer radiação (luz) em outras mais simples. O espectro eletromagnético, por exemplo, vem a ser uma escala de radiações eletromagnéticas que nada mais são do que formas de energia. Nele estão representados os sete tipos de ondas eletromagnéticas, ou seja, ondas de rádio, micro-ondas, infravermelho, luz visível, ultravioleta, raios X e raios gama.

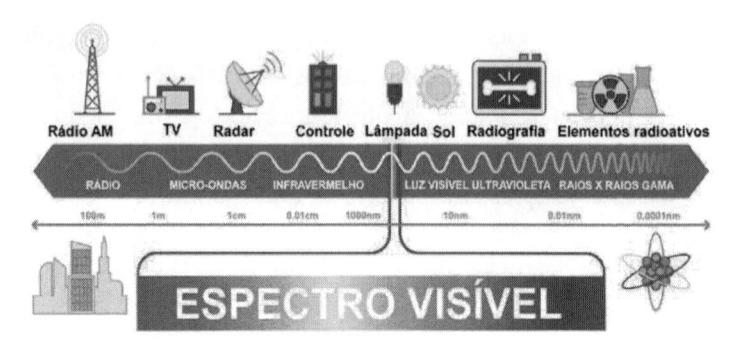

O espectro eletromagnético
(Extraído de https://conhecimentocientifico.r7.com/espectro-eletromagnetico, acessado em 01/07/2023)

Enquanto na *espectroscopia* é estudada a *interação* dos diferentes tipos de radiação com a matéria, na *espectrometria* o foco é a *medição* das intensidades dessas radiações usando, para isso, dispositivos eletrônicos.

7

TÉCNICAS INSTRUMENTAIS

Espectroscopia no infravermelho

Aradiação infravermelha, invisível ao olho humano, corresponde a comprimentos de onda maiores do que os relacionados à luz visível, isto é, entre 700 nanômetros (nm) a um milímetro (mm), lembrando que um nanômetro corresponde a 10^{-9} metros.

A espectroscopia infravermelha tem como fundamento o fato de que grande parte das moléculas, que compõem os diferentes materiais, absorve luz na região do infravermelho do espectro eletromagnético e a converte em vibração molecular. Isso ocorre porque as ligações químicas das substâncias apresentam freqüências de vibração características, ou seja, níveis vibracionais próprios para cada tipo de ligação química. Em outras palavras, através da radiação infravermelha é possível analisar a energia vibracional gerada pelas moléculas que compõem as substâncias analisadas, pois quando a radiação infravermelha atinge uma amostra, parte dela é por ela absorvida e outra parte é transmitida. Isso gera um espectro que passa a ser comparado a outros já cadastrados, o que permite a identificação do material. O infravermelho é capaz de identificar materiais distintos tais como combustíveis, explosivos e materiais tóxicos.

Jean-Baptiste Joseph Fourier: físico e matemático francês
*(Extraído de https://pt.wikipedia.org/wiki/Jean_Baptiste_*
Joseph_Fourier, acessado em 30/06/2023)

Uma técnica importante para esse fim é conhecida como *espectroscopia no infravermelho com transformada de Fourier* (FTIR, abreviatura de *Fourier Transform Infrared Spectroscopy*) que combina espectroscopia vibracional com imagem digital. O nome foi dado em homenagem ao físico francês Jean-Baptiste Joseph Fourier (1768-1830).

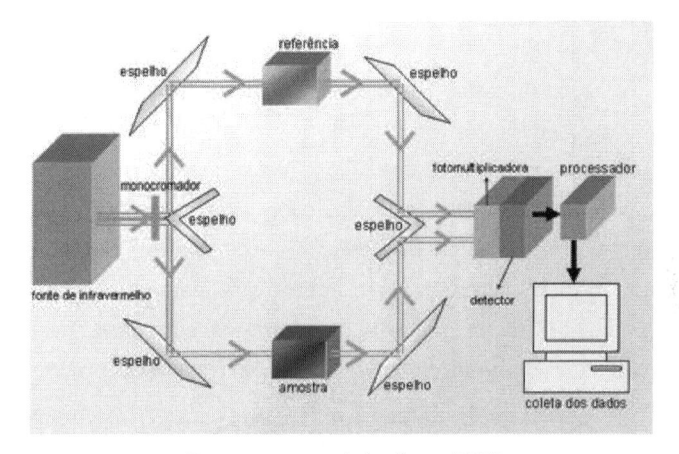

Esquema característico de um FTIR
*(Extraído de https://pt.wikipedia.org/wiki/Espectroscopia_
de_infravermelho, acessado em 30/06/2023)*

Espectrômetro **Marca Jasco, Modelo 4100, com transformada de Fourier**
*(Extraído de https://fisica.jatai.ufg.br/p/19496-espectroscopia-
de-infravermelho, acessado em 30/06/2023)*

Espectroscopia Raman

A espectroscopia Raman é considerada como um recurso complementar à espectroscopia infravermelha. Ela tem sido bem utilizada em Documentoscopia com o objetivo de investigar a falsificação de documentos. Através dela é possível fazer a diferenciação de tintas com variações discretas em suas composições químicas, comparando-as, tal como ocorre com as canetas esferográficas, na cor preta. Fora isso, a espectroscopia Raman é empregada na análise de outros materiais como explosivos, papel moeda e obras de arte.

A espectroscopia Raman fundamenta-se no *efeito Raman* que descreve o fenômeno do espalhamento da luz através da matéria. Tal efeito foi documentado, em 1928, pelo físico indiano Chandrasekhara Venkata Raman (1888-1970).

Chandrasekhara Venkata Raman: físico indiano
(Extraído de https://www.famousscientists.org/c-v-raman/ acessado em 30/06/2023)

O espectro Raman é obtido após a excitação de uma amostra, por meio de um dispositivo capaz de produzir um feixe luminoso, de uma só cor, intensa e concentrada, na região do infravermelho mais próxima à região do visível. As informações obtidas são extraídas a partir do espalhamento sofrido pela luz incidente, após a interação dela com o material de análise. Essa diferença entre a luz incidente e a luz espalhada é denominada *deslocamento Raman*.

A vantagem da espectroscopia Raman é que não exige procedimentos de extração para isolar os componentes de uma tinta, antes da realização da análise, contrariamente ao que ocorre em outras técnicas, também usadas em Documentoscopia, como a cromatografia.

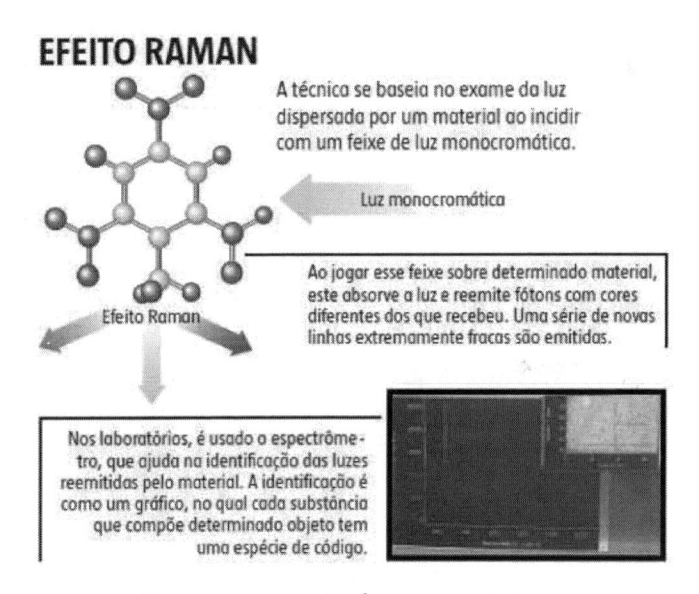

EFEITO RAMAN

A técnica se baseia no exame da luz dispersada por um material ao incidir com um feixe de luz monocromática.

Luz monocromática

Efeito Raman

Ao jogar esse feixe sobre determinado material, este absorve a luz e reemite fótons com cores diferentes dos que recebeu. Uma série de novas linhas extremamente fracas são emitidas.

Nos laboratórios, é usado o espectrômetro, que ajuda na identificação das luzes reemitidas pelo material. A identificação é como um gráfico, no qual cada substância que compõe determinado objeto tem uma espécie de código.

Esquema representativo da espectroscopia Raman
(Extraído de https://www.em.com.br/app/noticia/tecnologia/2012/03/26/
interna_tecnologia,285414/espectroscopia-tecnica-de-quase-100-anos-
ajuda-a-ciencia-moderna.shtml, acessado em 30/06/2023)

Espectrometria de massas

A espectrometria de massas (*MS – Mass Spectrometry*) surgiu em 1897, através do trabalho desenvolvido pelo físico britânico Joseph John Thomson (1856-1940). Como técnica de análise, começou a ser bastante aplicada a partir de 2001 e, por meio dela, situações complexas como a datação de tintas e a falsificação de documentos passaram a ter solução facilitada.

Joseph John Thomson: físico britânico
(Extraído de https://pt.wikipedia.org/wiki/Joseph_John_Thomson acessado em 02/07/2023)

A espectrometria de massas tem como fundamento o estudo da matéria, através da formação de íons, em fase gasosa. Para que isso ocorra, o espectrômetro transmite uma descarga elétrica para as moléculas que constituem a amostra em análise, transformando o fluxo de íons gerados em uma corrente elétrica que será lida por um sistema de dados. Este converterá a corrente elétrica em informações digitais, mostrando-as em um espectro de massas. Recentemente, novos sistemas de ionização têm surgido como o EASI (do Inglês, *Easy Ambient Sonic-spray Ionization*), que é muito empregado pela Polícia Federal do Brasil. Na espectrometria de massas é desnecessário o processo de preparação da amostra a ser analisada.

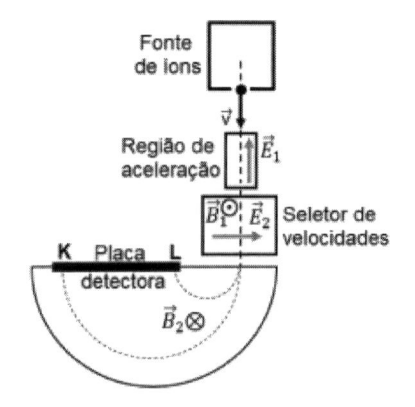

Esquema de um espectrômetro de massas
(Extraído de https://vestibulares.estrategia.com/public/questoes/
espectrometria-massas247c008f2d0/ acessado em 02/07/2023)

Todos os modelos de espectrômetros de massas apresentam os mesmos componentes básicos, ou seja, sistema de introdução da amostra a ser analisada, fonte de ionização, analisador de massas, detector e registrador. Na fonte de ionização, os componentes da amostra são convertidos em íons positivos ou negativos, os quais são imediatamente acelerados em direção ao analisador de massas. Este tem como função separar os íons de acordo com a relação massa/carga.

Espectrômetro de massas QTOF
(Extraído de https://www.sciex.com/mass acessado em 02/07/2023)

Após muito tempo operando isoladamente, a espectrometria de massas tem tido como parceira a cromatografia e, juntas, se transformaram em uma ferramenta eficiente para as análises de várias espécies químicas.

8

TÉCNICAS DE SEPARAÇÃO

Cromatografia

A cromatografia (do grego, *chroma*, cor e *grafein*, escrever) é uma das técnicas de análise de laboratório mais tradicionais e, assim, bastante utilizada pelos químicos forenses. Isso se deve ao seu custo baixo, rapidez de análise e simplicidade. Seu objetivo é separar, individualmente, os componentes de uma mistura de substâncias, presentes em uma amostra, identificando-os e quantificando-os.

O processo de separação dos componentes da amostra ocorre com base na migração desses componentes através de uma fase fixa ou estacionária por meio de um solvente ou fase móvel. Desse modo, depois que a amostra a ser analisada é introduzida no sistema cromatográfico, as substâncias que a compõem se distribuem entre as fases fixa e móvel devido à interação dessas substâncias com ambas as fases. Influenciam nessa interação forças intermoleculares e efeitos típicos de afinidade a uma ou outra fase e de solubilidade também.

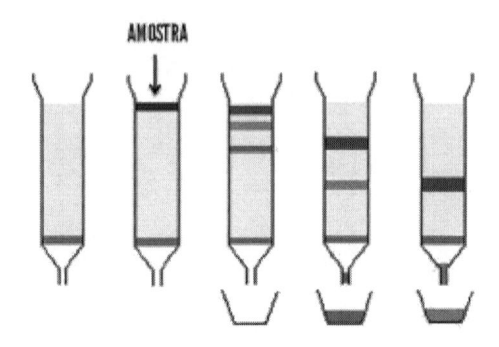

Esquema simplificado da técnica cromatográfica
(Extraído de https://www2.uff.br/quimica/files/2018/08/
Cromatografia.pdf acessado em 04/07/2023)

As duas técnicas cromatográficas mais usadas são a *cromatografia líquida de alta eficiência* (CLAE) e a *cromatografia gasosa* (CG). Na CLAE, a amostra a ser analisada é dissolvida em um solvente adequado e, em seguida, introduzida na coluna cromatográfica que se encontra preenchida com a fase fixa. A seguir, um solvente é bombeado fazendo com que as substâncias que constituem a amostra em análise se desloquem através da coluna cromatográfica. Movem-se mais rapidamente as substâncias com maior afinidade com o solvente (fase móvel) e, mais lentamente, as substâncias com maior afinidade com a fase fixa. Ao sair da coluna cromatográfica, as substâncias que constituem a amostra atravessam um detector, responsável pela emissão de sinais elétricos os quais, registrados, formarão um *cromatograma*.

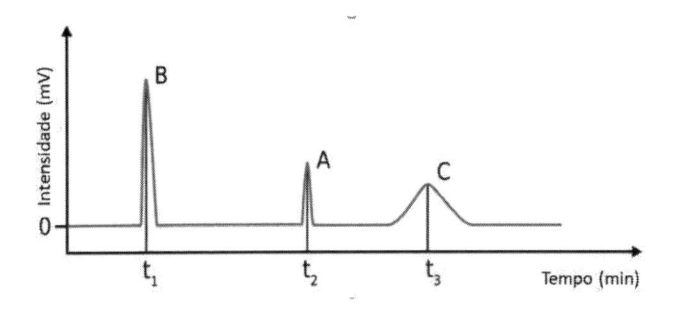

Interpretação de um cromatograma
*(https://vocepergunta.com/library/artigo/read/476022-como-
interpretar-um-cromatograma, acessado em 10/07/2023)*

A cromatografia líquida de alta eficiência tem campo de aplicação amplo, pois ela é utilizada em análises de compostos não voláteis e que apresentam grande polaridade ou que se mostrem instáveis termicamente.

A cromatografia gasosa é usada como técnica de separação de compostos orgânicos que possam ser vaporizados sem que sofram decomposição química. Na cromatografia gasosa a amostra em análise é vaporizada e introduzida em um fluxo gasoso apropriado, a fase móvel. As separações feitas por cromatografia gasosa podem utilizar detectores universais como o *detector de ionização por chama, FID* (do inglês, *Flame Ionization Detector*) ou detectores de seletividade maior como o *ECD* (do inglês, *Eletron Capture Detector*).

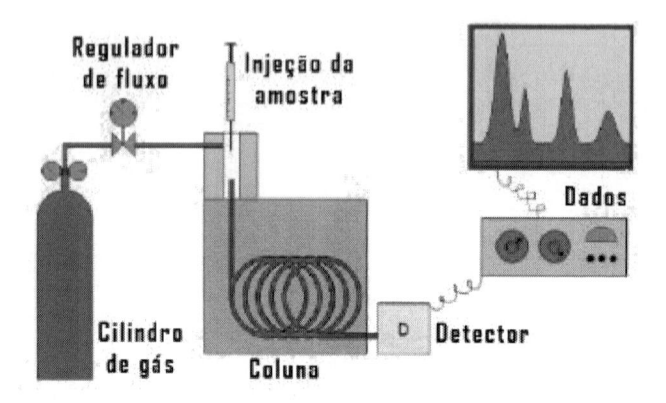

Esquema de cromatografia gasosa
(Extraído de https://www.todamateria.com.br/cromatografia, acessado em 07/07/2023)

Tanto a CLAE quanto a CG são técnicas de análise de amostras eficientes, seletivas e de grande aplicabilidade exigindo, ambas, apenas uma pequena quantidade de amostra para que as análises possam ser executadas.

A cromatografia líquida de alta eficiência e a cromatografia gasosa podem ser aplicadas na detecção de drogas de abuso como álcool, cocaína e maconha, respeitando as características principais dessas drogas. Entretanto, para a confirmação do uso de cocaína, a cromatografia gasosa apresenta resultados melhores.

A cromatografia líquida de alta eficiência é mais utilizada na identificação de drogas como as anfetaminas (1-fenil 2-amino propano, $C_9H_{13}N$), drogas sintéticas que agem estimulando a atividade do sistema nervoso central, fazendo com que o cérebro trabalhe vertiginosamente. Para a detecção de material biológico, a cromatografia gasosa é mais utilizada. Na análise de tintas, é muito usada a cromatografia gasosa acoplada a um espectrômetro de massas, embora a CLAE também possa ser empregada nesse caso.

O acoplamento de um cromatógrafo a um espectrômetro de massas reúne as vantagens da cromatografia com as vantagens da espectrometria de massas. Nesse acoplamento é preciso que as características de cada aparelho não sejam afetadas pela conexão entre ambos. Também não deve haver alterações químicas não controladas do material em análise e, tampouco, perda de amostra durante a passagem do cromatógrafo para o espectrômetro de massas.

Eletroforese

Tal como a cromatografia, a eletroforese é uma técnica de separação, realizada em laboratório. Foi utilizada pela primeira vez, em 1937, pelo químico sueco Arne Wilhelm Kaurin Tiselius (1902-1971), para estudar proteínas no soro sanguíneo.

Arne Wilhelm Kaurin Tiselius: químico e bioquímico sueco.
(Extraído de https://pt.wikipedia.org/wiki/Arne_Tiselius, acessado em 07/07/2023)

A eletroforese também apresenta simplicidade de execução e custo baixo, sendo usada no diagnóstico de doenças, como as hematológicas. Nos casos de investigação, ela é utilizada para comparar o DNA encontrado no local de um crime, com o de suspeitos prováveis. O DNA (ácido desoxi*rribonucleico)* é uma macromolécula, presente no núcleo da célula, que encerra todas as informações genéticas de uma pessoa.

Na eletroforese o objetivo é separar macromoléculas, como as de DNA e proteínas, submetendo-as a um campo elétrico de corrente contínua, ionizando-as. Em seguida ocorrerá a migração, para pólos positivos ou negativos, das moléculas ionizadas, com base em seus tamanhos e cargas elétricas. Para realizar a eletroforese é necessária uma cuba, conectada a uma fonte, responsável pela produção da corrente elétrica. Isso ocorre em um meio suporte que vem a ser, em geral, um gel de *agarose,* contendo as moléculas de interesse. A agarose é um carboidrato natural, encontrada em algas vermelhas e que, devido à sua estrutura gelatinosa e grande capacidade de absorção de água, permite que as biomoléculas sejam separadas pelo tamanho. Quanto maior for a molécula, mais lento será o processo de migração e, desse modo, moléculas de tamanhos diferentes realizarão o trajeto de um pólo a outro com velocidades e tempos distintos. A distância percorrida é, então comparada a um padrão. A visualização das bandas requer a utilização de um corante que, sob a luz ultravioleta de um *transiluminador*, emite fluorescência, permitindo suas leituras.

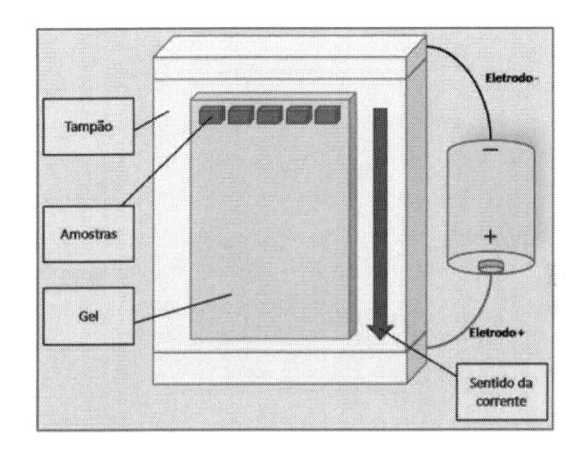

Esquema de funcionamento da eletroforese
(Extraído de https://www.euquerobiologia.com.br/2017/08/como-funciona-eletroforesehtml, acessado em 10/07/2023)

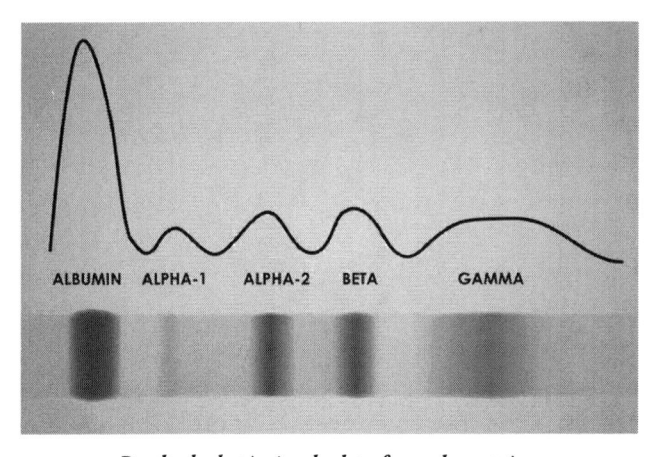

Resultado da técnica de eletroforese de proteínas
(Extraído de https://www.tuasaude.com/eletroforese-de-proteinas, acessado em 10/07/2023)

9

BALÍSTICA

Uma vez que a Criminalística tem como objeto principal de estudo o crime em si mesmo, sua preocupação é o recolhimento de provas e suas apresentações na forma de laudo pericial. Ela reúne várias áreas específicas do conhecimento, como a já citada Documentoscopia e, também a Balística, que tem a munição como a mais importante prova material a ser estudada. Também entram nesse exame as armas de fogo, as conseqüências dos tiros detonados por elas e os resíduos de disparo. Para isso, as análises químicas têm tido importância crescente, a fim de confirmar a veracidade das provas e, assim, esclarecer os fatos que possam ser traduzidos em infrações penais.

Uma arma de fogo é constituída pelo *aparelho arremessador* (a própria arma em si) e o cartucho de munição. Os componentes do cartucho de munição são estojo (parte externa), espoleta (cilindro pequeno de cobre ou latão, com uma extremidade fechada e que acondiciona uma mistura iniciadora), pólvora (mistura de 75% de nitrato de potássio, 15% de carvão e 10% de enxofre) e projétil (encamisado por cobre, estanho ou uma mistura de ambos).

Esquema de um cartucho de munição de arma de fogo
(Extraído de http://www.petquimica.ufc.br/balistica-forense-uma-breve-introducao, acessado em 18/07/2023)

Ao acionar o gatilho, ocorre a deformação da espoleta e, com o impacto, a mistura iniciadora nela contida gera chamas, as quais atingem a pólvora, fazendo-a queimar. Isso dá origem a vários gases que se expandem, realizando o disparo da arma e impelindo o projétil para fora do cano da arma, em direção ao alvo.

A mistura iniciadora, também conhecida como *carga de inflamação* ou *primer*, é constituída por um explosivo (estifnato de chumbo, (*2,4,6-trinitroresorcinato de chumbo*, $C_6HN_3O_8Pb$), um oxidante (nitrato de bário, $Ba(NO_3)_2$), um combustível (trissulfeto de antimônio, Sb_2S_3), sensibilizantes (trinitrotolueno ou TNT, $C_6H_2(NO_2)_3CH_3$) e aglutinantes (goma arábica). É por causa dessa composição da mistura iniciadora que chumbo, bário e antimônio são tidos como os principais marcadores químicos presentes nos resíduos inorgânicos gerados pela detonação de armas de fogo. As substâncias gasosas que são, por expansão, responsáveis pelo arremesso do projétil são monóxido de carbono (CO), dióxido de carbono (CO_2), vapor d'água e óxidos de nitrogênio.

O lançamento do projétil arrasta partículas do cano da arma e traços do próprio projétil além de resíduos de combustão. Parte desse material se volatiliza e, ao se condensar, devido ao choque térmico, origina micropartículas, conhecidas como *resíduos de disparo* ou *GSR* (do inglês, *Cartridge Discharge Residue*) as quais ficam retidas, em parte, nas mãos e roupas de quem efetuou o disparo. É por esse motivo que os peritos criminais têm interesse na pele e nas roupas do provável autor de um tiro, procurando averiguar se ele estava posicionado próximo a arma, quando detonada. Nessas perícias, a procura é pelos elementos químicos chumbo, bário e antimônio.

O projétil encamisado apresenta poder de penetração maior do que o fabricado com chumbo, fazendo-o atravessar o alvo com mais facilidade. Seu uso reduz a busca, por parte das perícias balísticas, por resíduos de projéteis e pólvora. Na verdade, pode haver chumbo não apenas no projétil, mas também na espoleta, sob a forma do já citado estifnato de chumbo. Atualmente, a Companhia Brasileira de Cartuchos (CBC) tem optado por um tipo de espoleta isento de metais pesados.

A técnica costumeiramente empregada na identificação dos resíduos de disparo é a *microscopia eletrônica de varredura* (do inglês, *Scanning Electron Microscopy, SEM*). Entretanto, também são usadas outras técnicas como a *espectrometria de absorção atômica* (do inglês, *Atomic Absorption Spectrometry, AAS*) e a *espectrometria de plasma indutivamente acoplado* (do inglês, *Inductively Coupled Plasma – Atomic Emission Spectrometry, ICP – AES*).

Microscopia eletrônica de varredura (SEM)

A *microscopia* tem como objetivo a aquisição de imagens ampliadas de um objeto que levem à identificação de detalhes invisíveis a olho nu. O termo *varredura* diz respeito à ação de um sistema, que percorre uma superfície, a fim de detectar algo. Assim sendo, fica fácil entender que o princípio de funcionamento da *microscopia eletrônica de varredura* é geração de imagens que mostrem a interação entre elétrons e a matéria. Isso significa que, na microscopia eletrônica de varredura, um feixe de elétrons *varre* a superfície da amostra a ser analisada, interagindo com ela. Tal ação leva à geração de sinais que podem oferecer informações sobre a estrutura e a composição química da amostra. Para que isso ocorra emprega-se um dispositivo denominado *microscópio eletrônico de varredura* que é um equipamento capaz de realizar a identificação dos materiais em análise em escalas micro e nanométrica. Ele contém uma fonte capaz de gerar um feixe de elétrons, que é disparado continuamente na amostra, o que permite uma varredura em sua superfície. Quando esse feixe eletrônico atinge a amostra são produzidos sinais diferentes, resultantes da interação elétron-matéria. Como o microscópio eletrônico de varredura contém também um detector, este permitirá fazer uma análise das energias apresentadas pelos elétrons durante suas interações com a amostra. Interpretadas pelo dispositivo, tais energias originam imagens mais detalhadas, ou seja, em alta resolução. Dependendo do detector associado ao *microscópio eletrônico de varredura* podem ser obtidas informações morfológicas, cristalográficas e químicas.

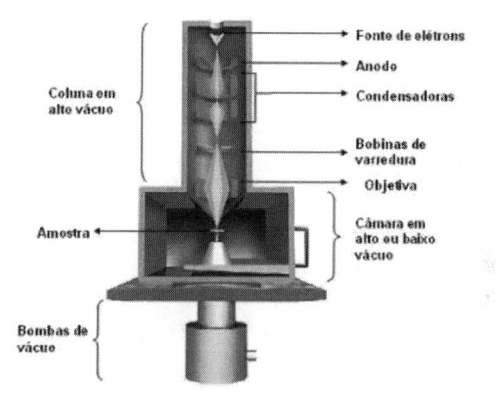

Esquema de funcionamento da microscopia eletrônica de varredura (MEV)
(Extraído de https://www.ligaconsultoriajr.com.br/post/__mev, acessado em 31/07/2023)

A formação das imagens no *microscópio eletrônico de varredura* pode ser fornecida através dos elétrons *secundários,* de energia baixa ou pelos elétrons *retroespalhados,* de energia alta. As imagens geradas pelos elétrons secundários, fiéis ao relevo da amostra e, portanto, superficiais, são formadas através da excitação, provocada pelo feixe eletrônico incidente, dos elétrons presentes no nível energético mais externo dos átomos constituintes das amostras. Já as imagens produzidas pelos elétrons retroespalhados, fornecem informações diferentes, mais profundas, pois ultrapassam o simples relevo da amostra analisada.

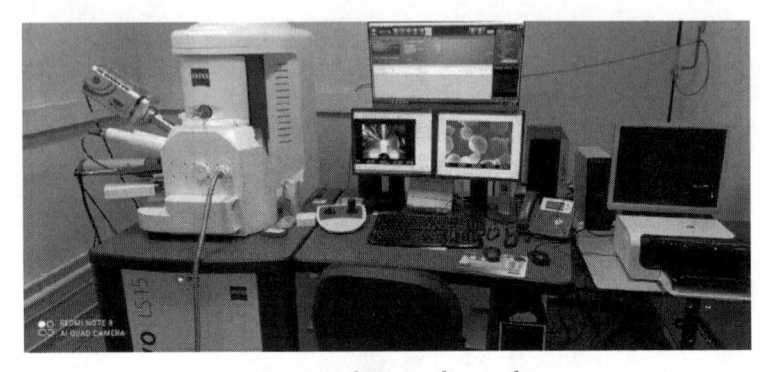

Microscópio eletrônico de varredura
(Extraído de https://www.feis.unesp.br/#!/departamentos/fisica-e-quimica/
prestacao-de-servicos/mev/apresentacao, acessado em 31/07/2023)

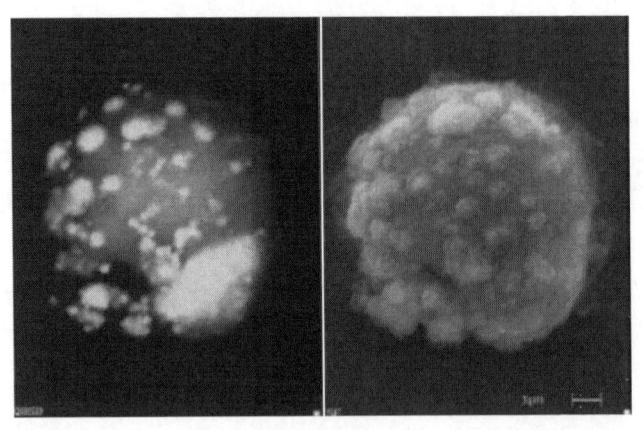

À esquerda, observação da morfologia de uma partícula de GSR, através de detector
de elétrons secundários; à direita, imagem eletrônica passou através do detector de
elétrons retroespalhados, ambos por meio de MEV
(Extraído de *https://www.scielo.br*, acessado em 31/07/2023)

Espectrometria de absorção atômica (AAS)

Dentre as leis estudadas na Óptica, parte da Física que trata dos
fenômenos relacionados à luz, a Lei de Lambert-Beer-Bouguer vem

a ser o fundamento da espectrofotometria. Ela relaciona a absorção de luz com as características do material por ela atravessado. Assim sendo, a espectrometria de absorção atômica é utilizada para quantificar a energia absorvida, proveniente de uma fonte de radiação incidente, necessária para a promoção de elétrons no estado fundamental (menos energéticos) para o estado excitado (mais energéticos) em uma amostra em análise.

Historicamente, entre as diversas substâncias tóxicas presentes em acidentes ou crimes, há destaque para a existência de metais, semi metais e alguns não metais em uma ampla variedade de amostras. A espectrometria de absorção atômica permite detectar, quantitativamente e com grande sensibilidade, mais de sessenta elementos químicos diferentes. A inserção da amostra em análise no espectrofotômetro pode ser feita no estado gasoso ou no líquido. Como a absorção de radiação se dá por elétrons livres, no estado gasoso, caso a amostra se encontre no estado líquido, será necessária a utilização de um *atomizador* a fim de que o elemento químico de interesse esteja disponível no estado gasoso. Em outras palavras, a função do atomizador é converter amostras líquidas em elétrons livres, capazes de absorver energia. Os atomizadores mais empregados são a *chama* e o *forno de grafite* sendo que a diferença mais importante entre eles reside na sensibilidade de detecção da concentração do elemento químico de interesse. Assim, enquanto a *chama* identifica elementos em parte por milhão (ppm), o *forno de grafite* permite identificação em concentrações ainda menores, ou seja, em partes por bilhão (ppb).

Na técnica de espectrometria de absorção atômica, tão logo os átomos da amostra em análise estejam no estado gasoso, uma lâmpada presente no espectrofotômetro, auxiliada por um *monocromador*, fornecerá radiação colimada, isto é, raios luminosos paralelos, aos átomos da amostra. Em seguida, haverá a identificação e a quantificação, por parte de detectores, dos comprimentos de onda absorvidos pelos átomos da amostra. Com base nesses valores e na comparação com padrões de referência previamente conhecidos, é que é feita tal identificação e quantificação. Vale lembrar que, por sua praticidade, a espectrometria de absorção atômica pode ser usada até por operadores pouco treinados.

Espectrometria de plasma indutivamente acoplado (ICP-OES)

Tanto na Física quanto na Química o termo *plasma* é usado para denominar o quarto estado físico da matéria. O plasma se assemelha a um gás tendo, porém, densidade muito menor que ele. A semelhança entre o plasma e o gás está no fato de que ambos não apresentam forma ou volume definidos, a não ser quando estiverem encerrados em um recipiente.

O plasma se forma quando uma substância, no estado gasoso (onde as moléculas se encontram mais afastadas umas das outras) seja aquecida até atingir uma temperatura tão elevada que seja capaz de fazer com que a agitação térmica das moléculas provoque a ruptura das ligações moleculares, transformando-as em seus átomos constituintes. Tal aquecimento poderá conduzir a uma ionização das moléculas e átomos do gás convertendo-o em um estado diferente da matéria, o *plasma*. Possuidor de elétrons livres e íons positivos, o plasma torna-se um condutor elétrico e isso o faz reagir severamente a campos eletromagnéticos, podendo formar estruturas, como filamentos e raios, o que lhe confere propriedades diferentes daquelas típicas dos sólidos, líquidos e gases. Sabe-se que 90% da matéria existente no Universo se encontram em estado plasmático, como nas estrelas.

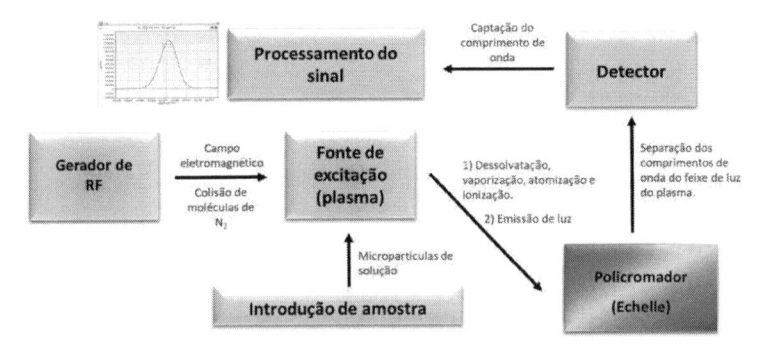

Esquema de funcionamento de um ICP OES simultâneo
(Extraído de https://pt.linkedin.com/pulse/icp-oes-teoria-basica-e-dicas-praticas-rodolfo-lorençatto, 04-08-2023)

A espectrometria de plasma indutivamente acoplado é uma técnica de análise química instrumental que tem como premissa a medida da radiação emitida quando átomos e íons excitados de um plasma retornam ao estado fundamental, de energia mais baixa. Para que isso ocorra, a amostra em análise é disponibilizada, sob a forma de uma névoa densa, no centro do plasma de argônio, gás nobre, a uma temperatura elevada. O objetivo é a produção de átomos excitados, capazes de liberar radiações em comprimentos de onda (distância entre dois picos ou dois vales de uma onda eletromagnética) típicos de cada elemento químico presente. Essas radiações, após a devida separação de seus comprimentos de onda, apresentam suas intensidades mensuradas e, para isso são usados sistemas ópticos, os detectores de radiação, de acordo com as concentrações correspondentes dos elementos químicos presentes na amostra em análise. Isso se dá por meio de curvas de calibração obtidas pela medição prévia de *padrões certificados de referência* (do inglês, *Certificate Reference Material*, CRM). Por meio dessa técnica, que pode ser usada em conjunto à microscopia eletrônica de varredura, na detecção de resíduos de disparo, GSR, cerca de setenta elementos químicos diferentes podem ser identificados. Entretanto, sua desvantagem principal reside no custo de análise por amostra.

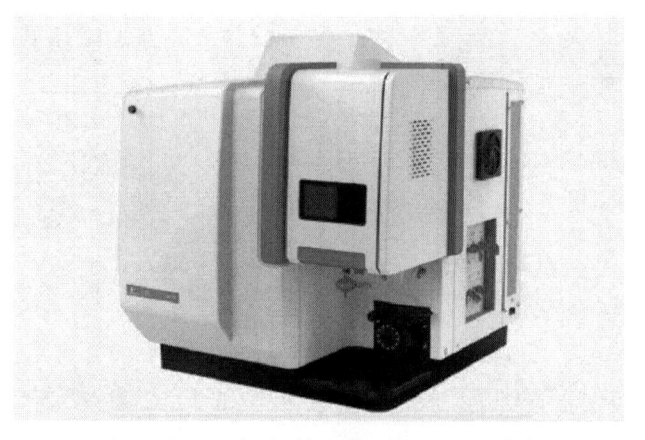

Espectrômetro de plasma indutivamente acoplado
*(Extraído de https://csaeducacional.com.br/materias/
icp-oes-e-icp-ms, acessado em 04/08/2023)*

10

DROGAS DE ABUSO

Desde sua origem, o ser humano tem feito uso de substâncias, em geral derivadas de plantas, capazes de modificar seu estado psíquico e, conseqüentemente, suas atitudes. Os motivos para esse consumo vão desde a procura pela cura de doenças, sensações de bem-estar ou questões religiosas. É que substâncias psicotrópicas agem no sistema nervoso central de um indivíduo e, com isso, alteram a consciência, o estado de vigília, o humor, as sensações e os sentimentos. Fora isso, o homem sempre procurou empregar seus conhecimentos sobre os efeitos tóxicos dos materiais a fim de se defender de animais perigosos e na produção de armas. Nas sociedades contemporâneas, o uso abusivo, inconseqüente e indiscriminado dessas substâncias tem se espalhado largamente, particularmente após a pandemia do COVID-19 e, como era de se esperar, os efeitos não têm sido nada positivos.

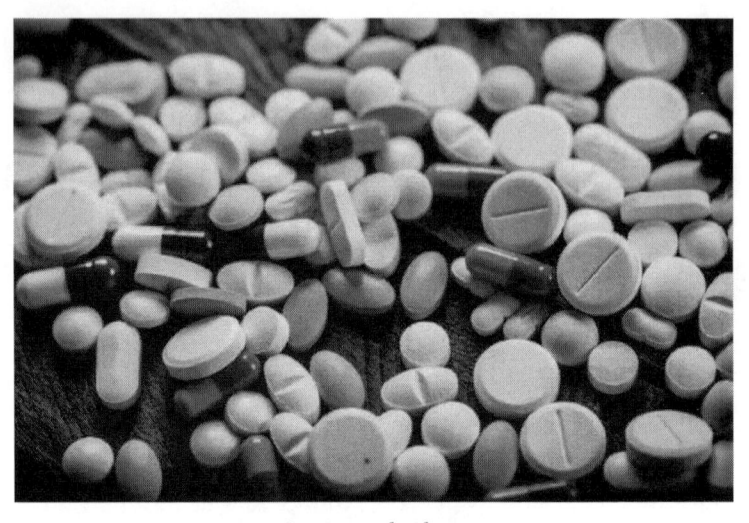

O universo das drogas
(Extraído de https://mundoeducacao.uol.com.br/drogas, acessado em 21/11/2023)

As drogas de abuso são substâncias químicas administradas sem orientação médica ou qualquer indicação clínica para algum tipo de doença. A detecção da existência de drogas de abuso é importante para diversas finalidades tais como o uso ilícito de drogas no ambiente de trabalho, a fim de aumentar o rendimento nas atividades esportivas e na prática clínica, visando avaliar o tratamento de dependência química. Nesses casos a *Toxicologia Forense* revela-se de importância fundamental, pois tem como objetivo detectar e identificar a presença de qualquer substância capaz de provocar alterações ou danos nos organismos dos seres humanos e dos animais ou no meio ambiente.

Para ser considerada como *droga*, pela legislação brasileira, a substância tem que estar catalogada na Portaria 344/1998, da Agência Nacional de Vigilância Sanitária (ANVISA). Sendo assim, caso uma substância tenha sido quimicamente modificada e não se encontre elencada na lista da citada Portaria, não poderá ser classificada como *droga*. É com base nesse argumento que comerciantes ilegais empregam seus recursos em novos processos de preparação de drogas. No caso dessas novas drogas serem detectadas pelos investigadores criminais, tais fraudadores não têm como serem enquadrados na *Lei 11343/2006* que, entre outros assuntos, *estabelece normas para repressão à produção não autorizada e ao tráfico ilícito de drogas, definindo crimes.*

Para identificar o uso de drogas de abuso vários tipos de materiais biológicos como cabelos, saliva, sangue, suor e urina podem ser analisados. A análise de amostras de urina tem grande valor para distinguir, por exemplo, um caso de suicídio de um assassinato. Já o exame em amostras de sangue exige um tratamento preliminar da amostra a fim de fazer a extração da substância psicotrópica necessitando de técnicas de extração com maior sensibilidade. Tudo isso reforça a importância do trabalho realizado pelo *químico forense* no sentido de analisar, identificar e qualificar uma droga nova em circulação.

As substâncias químicas usadas como drogas de abuso e que provocam dependência física e psíquica obedecem a uma determinada classificação que se baseia nos efeitos principais que essas drogas desencadeiam no sistema nervoso central. As substâncias psicotrópicas podem ser classificadas como depressoras ou estimulantes ou perturbadoras. Na categoria das drogas depressoras encontra-se o álcool, já citado no item *"Teste do bafômetro para motoristas alcoolizados"* o qual não é considerado como droga ilícita. Na classe das drogas estimulantes está a *cocaína* e as *anfetaminas*, como o *ecstasy*, o qual tem sido bastante consumido em festas, para aumentar a euforia do usuário. Já no grupo das drogas perturbadoras está o *LSD*, causador de efeitos alucinógenos e muito consumido por pessoas que tentam experimentar sensações novas, na tentativa de *escapar* da realidade em que se encontram.

A cocaína (*benzoilmetilecgonina*, $C_{17}H_{21}NO_4$) deriva das folhas da planta *Erytroxylum Coca*, um arbusto típico dos países andinos como Bolívia, Colômbia e Peru, onde ainda prevalece o hábito de mascar as folhas para aliviar o cansaço ou a fome. A cocaína apresenta características básicas, pois são aminas portadoras de anéis heterocíclicos contendo nitrogênio. Sendo um alcalóide, pode afastar insetos e animais, porém sua aplicação mais importante é na elaboração de remédios, devido ao seu poder anestésico, com enorme potencial de dependência. Em nossos dias, o consumo de cocaína no meio social tem sido tão intenso que é comum encontrá--la, inclusive, nas notas de dinheiro em circulação.

Mesmo sendo ilegal em diversos países, a cocaína tem sido comercializada tanto na forma de sal (cloridrato de cocaína) como base livre. O cloridrato de cocaína é um pó branco e cristalino, usado via intranasal ou, após dissolução em água, via intravenosa. Já a base livre tem administração intrapulmonar, pois apresenta ponto de fusão baixo, volatilizando-se aos 95º Celsius. A pedra de cocaína ou *crack* tem tido grande expansão na sociedade mundial, atingindo indivíduos de todas as classes sociais. Para identificar a presença de cocaína podem sem ser feitos testes de coloração, como exames preliminares, em campo ou em laboratório. O *Teste de Scott* foi criado em 1973 para detectar cloridrato de cocaína através de uma reação química. Utiliza-se uma solução de *tiocianato de cobalto*, de coloração rosa, em meio ácido que, na presença de cocaína (Z), produz um complexo de cobalto II, de coloração azul turquesa.

$$Co^{2+} + 4SCN^- + 2Z: \rightarrow [Co(SCN)_4Z_2]^{2-}$$

Coloração rosa → coloração azul turquesa

O princípio ativo, ou seja, o componente farmacológico principal presente no ecstasy é o MDMA (*3,4-metileno dioxi metanfetamina*, $C_{11}H_{15}NO_2$) derivado da anfetamina (*1-fenil 2-amino propano*, $C_9H_{13}N$). As anfetaminas são drogas sintéticas que estimulam a atividade do sistema nervoso central. Seus derivados oferecem sensação de bem-estar, aumentando o estado de alerta e a resistência física com redução do apetite e trazendo fadiga. Como, além do MDMA, outras anfetaminas e seus derivados podem ser encontrados, o termo *ecstasy* é comumente empregado para designar a forma de apresentação de como ela é vendida, em comprimidos coloridos, com logotipos próprios, porém com composição química real ignorada.

O *LSD* (abreviação em inglês de *dietilamina do ácido lisérgico*, $C_{20}H_{25}N_3O$) é um alucinógeno potente, fabricado em laboratório, costumeiramente apreendido pelas autoridades brasileiras. Foi criado em 1943, pelo químico suíço Albert Hofman (1906-2008) e, em pouco tempo, passou a ser receitado por médicos interessados em tratar pacientes com problemas mentais. Ao procurar por novos produtos farmacêuticos, Hofman sintetizou o LSD a partir do ácido lisérgico ($C_{16}H_{16}N_2O_2$), substância produzida pelo *claviceps purpúrea,* vulgarmente conhecido como *esporão do centeio.* Este é um fungo parasita que ataca as gramíneas e, em particular, o centeio e do qual se extraem vários alcalóides e substâncias de uso medicinal. O que Hofman pretendia era usar o produto como estimulante circulatório e respiratório. Tempos depois, acidentalmente, Hofman levou as mãos ao rosto e ingeriu um pouco da substância descobrindo, assim, os efeitos do LSD.

Atualmente, até uma nova versão da droga, o ALD 52, tem sido apreendida. Ela é conhecida como *pró-droga* uma vez que se transforma em LSD, após sua metabolização pelo fígado. Elaborada para burlar a Lei, as alterações químicas sutis existentes no ALD 52 evitam sua inclusão na lista proibida pela ANVISA. Hoje o LSD é vendido ilegalmente na forma de selos com impressões diferentes.

Novas categorias de drogas, preparadas em laboratórios, estão sendo incluídas no mercado e vendidas livremente, nas redes sociais, em vários países. Um exemplo disso são os derivados da *piperazina*, alguns deles muito importantes farmacologicamente, mas cujos efeitos ainda não estão tão bem esclarecidos. A piperazina (*hexahidropiperazina*, $C_4H_{10}N_2$) é um parasiticida, isto é, um medicamento usado para controlar a presença de vermes em animais. Embora apresente toxicidade baixa para o ser humano e não cause danos ambientais, em caso de intoxicação pelo uso abusivo, a piperazina pode provocar agitação, ausência de coordenação motora, fraqueza generalizada e tremor.

É preciso esclarecer que, em geral, as primeiras investigações sobre a presença de entorpecentes é realizada em regiões de fronteiras, longe dos centros urbanos, onde nem sempre existem Institutos de Criminalística com laboratórios químicos adequados. Desse modo, os testes iniciais precisam ser baratos, rápidos e de manipulação fácil. Para realizá-los são empregados pequenos estojos, portando materiais específicos, a serem manuseados por uma pessoa autorizada, após treinamento básico. Existem testes próprios que se caracterizam pela mudança de coloração da amostra, indicando a existência de reações químicas, as quais denunciam a presença de grupos funcionais característicos de cada tipo de droga. Para confirmar a presença de substâncias psicotrópicas é necessário realizar técnicas de análise mais específicas como a cromatografia gasosa (CG) e a cromatografia líquida de alta eficiência (CLAE), bastante usadas na detecção de drogas de abuso, ambas geralmente acopladas à espectrometria de massas, conforme já citado nos itens *"Técnicas instrumentais"* e *"Técnicas de separação"*.

Técnica do EASI-MS

Novas técnicas em espectrometria de massas têm aparecido e estão relacionadas ao surgimento de novos sistemas de ionização. Uma delas é a *EASI-MS* (do inglês, *Easy Ambient Sonic-spray Ionization-Mass Spectrometry)*, muito usada pelas autoridades brasileiras como um meio de triagem para a identificação de várias categorias de drogas de abuso.

Na técnica EASI-MS, para promover o processo de ionização, não é necessário haver nenhuma voltagem, radiação ou aquecimento. Os íons podem ser produzidos usando um spray contendo uma solução acidificada de metanol (CH_3OH). O spray atravessa um tubo, a uma velocidade elevadíssima, sendo fortemente arrastado por meio de ar comprimido, isto é, ar atmosférico com pressão superior à da pressão atmosférica. Ao alcançar a amostra em análise, ocorre a liberação da substância de interesse através do fenômeno da *dessorção*, ou seja, retirada da superfície do sólido e a conseqüente ionização. Os íons são transferidos para um espectrômetro de massas a fim de serem identificados.

A EASI-MS é considerada uma técnica de análise de aplicação simples e não destrutiva. Fora isso, permite acoplar em seu sistema de ionização outras técnicas de separação de custo baixo e de grande flexibilidade gerando um novo sistema capaz de reduzir a fase de preparação das amostras em análise.

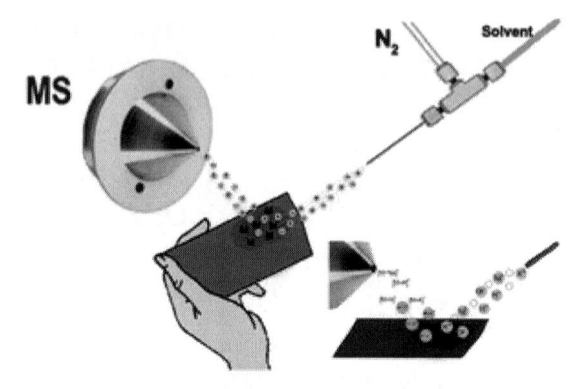

Esquema da técnica EASI-MS
(Extraído de https://pubs.rsc.org/en/Content/Image/GA/
C5AN01415H, acessado em 04/09/2023)

Doping esportivo

O *doping* (*dopagem,* em Português) tem como característica o uso de substâncias químicas diversas, não produzidas pelo próprio organismo, a fim de modificar a resposta do organismo frente a uma situação de interesse. Essas substâncias são usadas tanto por atletas como por freqüentadores de academias de ginástica. No caso de atletas, o objetivo central da utilização dessas drogas é potencializar seus desempenhos nos esportes a que se dedicam. Já no caso dos freqüentadores de academias de ginástica o interesse principal é o aperfeiçoamento estético. Entretanto, o uso de substâncias químicas com a intenção de melhorar o desempenho nos esportes não é recente. Isso já acontecia desde 2700 a.C., na China.

Mesmo que a prática do doping esportivo não seja vista como crime, ela vem sendo bastante combatida. É que o uso de anabolizantes, diuréticos, estimulantes e narcóticos pode causar uma diversidade de situações desagradáveis. Dentre elas estão os problemas de saúde tais como as sobrecargas no coração e no fígado além da possibilidade de desenvolvimento de tumores malignos.

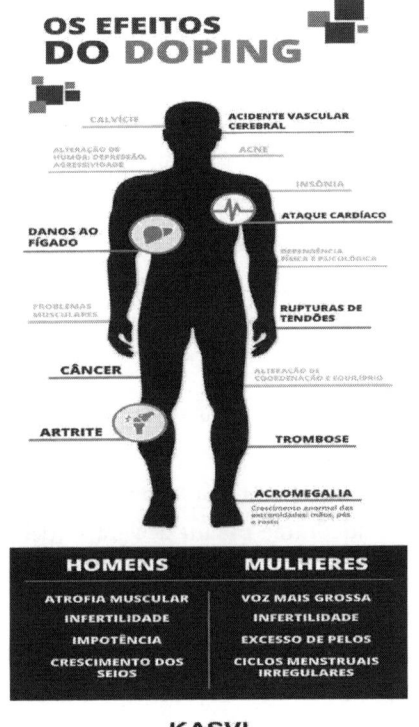

Os efeitos do doping no corpo humano
(Extraído de https://kasvi.com.br/doping-esporte-testes-controles/ acessado em 21/11/2023)

Os anabolizantes são substâncias químicas derivadas do hormônio testosterona ($C_{19}H_{28}O_2$) que é predominantemente masculino. Essas substâncias têm a propriedade de incentivar o crescimento de células bem como sua divisão. Com isso, vários tipos de tecidos se desenvolvem, especialmente o ósseo e o muscular fazendo com que o usuário adquira mais força (capacidade de movimento) e potência (emprego da força). É por essa razão que os lutadores são vistos como os principais usuários de anabolizantes.

Os diuréticos, como a furosemida ($C_{12}H_{11}C\ell N_2O_5S$) e a hidroclorotiazida ($C_7H_8C\ell N_3O_4S_2$), agem diretamente no funcionamento dos rins, secretores de urina. Eles têm a função de filtrar o sangue, a fim de eliminar substâncias prejudiciais ao organismo, como a amônia (NH_3), a uréia (CH_4N_2O) e o ácido úrico ($C_5H_4N_4O_3$). Os atletas que usam diuréticos o fazem para diminuir o peso, antes da pesagem em competições, na tentativa de obter vantagem de força e vigor físico. Também o fazem a fim de diluir a urina, caso tenham se utilizado de alguma substância de uso não permitido.

Os estimulantes do sistema nervoso central mais difundidos no meio esportivo são as já citadas anfetaminas e a cocaína (ver item *Drogas de abuso*) e também a cafeína ($C_8H_{10}N_4O_2$) e a efedrina ($C_{10}H_{15}NO$). Enquanto a cafeína acelera a queima de gordura corporal, permitindo perda de peso, a efedrina contrai os vasos sanguíneos, aumentando a porção de sangue que chega até o coração. Desse modo, as substâncias estimulantes funcionam acelerando o metabolismo e a atividade cardíaca, o que pode ser interessante para atletas como jogadores de futebol.

Os narcóticos, como a morfina ($C_{17}H_{19}NO_3$) e a petidina ($C_{15}H_{21}NO_2$) agem no sistema nervoso central, dificultando os receptores de dor e, com isso, aliviam o sofrimento de atletas lesionados. A diferença entre elas é que a petidina apresenta poder analgésico superior ao da morfina. Os praticantes de esportes de resistência como o ciclismo e a corrida estão entre os interessados nessa categoria de drogas.

O uso de doping nos esportes tem a fiscalização de uma agência internacional independente, criada em 1999, conhecida como WADA (em inglês, *World Anti Doping Agency*). Suas ações de controle e realização de testes estão fundamentadas no *Código Mundial Antidoping*, documento sempre atualizado, onde estão elencadas as substâncias tidas como doping esportivo.

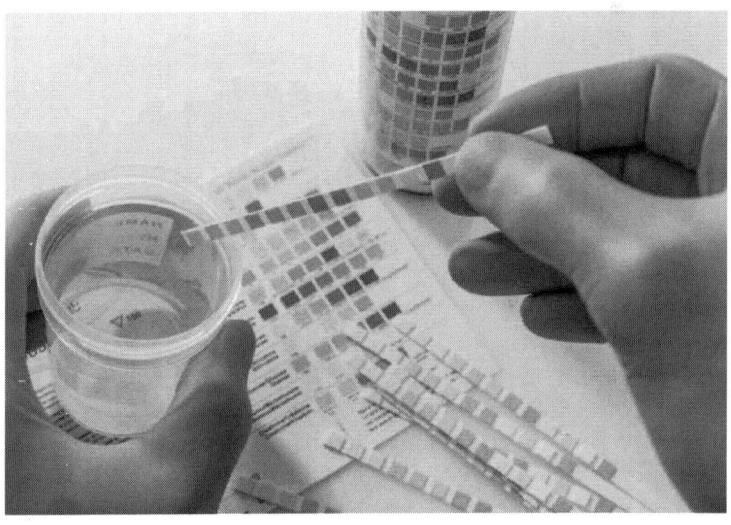

Teste anti-doping em urina
(Extraído de https://www.istockphoto.com/br/foto/tiras-de-teste-de-urina-em-luvas-roxas-gm1074853946-287723710, acessado em 21/11/2023)

Os exames de doping podem ser feitos através da coleta de sangue ou urina, em períodos de competição, como as olimpíadas ou fora deles. No caso da amostra coletada ser de sangue, o exame é direcionado para agentes que afetem a produção das células vermelhas do sangue, as hemácias. Caso a amostra coletada seja urina, o exame é focado na busca de substâncias proibidas pela WADA, sendo os primeiros critérios a serem observados o pH (índice de acidez ou basicidade) e a densidade da urina. Atualmente, a cromatografia líquida de alta eficiência (CLAE) acoplada à espectrometria de massas (MS) tem sido bastante utilizada para a identificação de drogas nocivas nesses materiais biológicos.

11

ALGO SOBRE A PERÍCIA NOS ALIMENTOS E A PERÍCIA AMBIENTAL

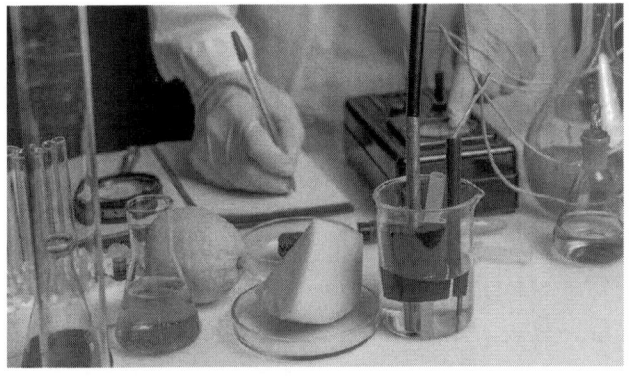

Analisando alimentos
(Extraído de https://insidefmcg.com.au/wp-content/uploads/2020/11/
Food-safety-laboratory-test.jpg, acessado em 15/11/2023)

A qualidade dos alimentos fica comprometida quando eles são adulterados e, assim, em menor ou maior grau, a saúde das pessoas pode ser afetada. Do mesmo modo que tais alterações têm evoluído, o desenvolvimento de técnicas de análise mais criteriosas faz-se necessário. Uma delas é a *análise isotópica do elemento carbono*. Ela identifica e quantifica as falsificações feitas pela adição de materiais estranhos à composição química original dos alimentos. Quimicamente sabe-se que isótopos são elementos químicos de mesmo número atômico (Z) e que, por apresentarem número de nêutrons (N) diferentes, seus números de massa (A) também serão diferentes (A = Z + N). Boa parte dos elementos químicos existentes na Natureza é constituída por mistura de isótopos, com as mesmas propriedades químicas, porém com propriedades físicas distintas, como a relação massa/carga. Isso leva a uma forma de divisão desigual dos isótopos nos sistemas biológicos.

A clorofila é uma substância encontrada nas células das plantas, dando a elas a coloração verde. Por meio de luz solar, as plantas verdes realizam a transformação da matéria inorgânica em orgânica, propriedade conhecida como fotossíntese.

$$6CO_2 + 6H_2O + luz \rightarrow C_6H_{12}O_6 + 6O_2$$

As formas diferentes de fixação do carbono durante o processo fotossintético levam a proporções diferentes de isótopos ($_6C^{13}/_6C^{12}$) nos tecidos vegetais. Graças a essas variações presentes nos diferentes processos biológicos, a composição isotópica de uma amostra de alimento pode ser investigada tanto quanto à sua origem quanto à sua assimilação nos tecidos dos organismos consumidores. Para essa análise são mais utilizados os isótopos estáveis de carbono ($_6C^{13}/_6C^{12}$) e, também, de nitrogênio ($_7N^{15}/_7N^{14}$). Ela é feita com o uso de um espectrômetro de massas, já citado, que separa e mede, em fase gasosa, a relação massa/carga de íons produzidos após a ionização das moléculas do material em análise.

Perito ambiental em ação
(Extraído de https://cprof.com.br/assets/uploads/
servicos/27/63d9726c893aaw4ikxl.png, acessado em 15/11/2023)

A perícia ambiental tem se tornado uma operação de grande valor em nossos dias. Tal importância reside no fato de que a sociedade contemporânea tem provocado transformações diversas no meio natural, favorecendo o estabelecimento de um desequilíbrio ambiental enorme. Com isso, várias espécies da fauna e da flora têm desaparecido.

Com a publicação da Lei nº 9605, de 1998, que versa sobre crimes ambientais, o meio natural adquiriu linhas de defesa novas contando, para isso, com a perícia ambiental. O meio ambiente é o conjunto de relações existentes entre as ações humanas e os meios biológicos e físicos. Nesse contexto, o meio ambiente vem a ser um bem de uso comum, fundamental para uma qualidade de vida sadia.

Os crimes ambientais recebem várias classificações e, dentre elas, estão as edificações irregulares em área de preservação ambiental, os crimes contra a fauna e as diversas formas de poluição (águas, ar, solo e som). Não apenas o desmatamento, que acarreta redução no *habitat* disponível aos organismos silvestres, mas também as queimadas e os incêndios florestais, muitas vezes causados por motivos econômicos, são situações graves passíveis de investigação criteriosa por parte da perícia ambiental. É que a queima de florestas emite gases poluentes como o monóxido de carbono (CO) e o dióxido de enxofre (SO_2), componentes da chuva ácida, que tantos efeitos maléficos têm produzido. Cabe à perícia criminal examinar fatos, relatar suas autenticidades e opinar sobre as causas, a natureza das coisas e os efeitos do que foi alvo da investigação. (Ver mais sobre incêndios na experiência de número seis, *A cada incêndio, um extintor*).

12

O QUÍMICO FORENSE

A perícia criminal é realizada com apoio na Ciência. Nesse sentido, várias áreas do saber estão envolvidas e, dentre elas, a Química. Ela tem um papel de destaque nas Ciências Forenses uma vez que, apenas através dela, é que diversas questões de interesse jurídico podem ser respondidas. As instituições de perícia têm se aliado a entidades de pesquisa com o objetivo de encontrar pistas deixadas por autores de delitos diversos e, assim, dar base às decisões judiciais.

É muito importante a tarefa de esclarecimento de um crime, com a identificação dos culpados, pois tanto impede a condenação injusta de pessoas inocentes como protege a sociedade da ação de infratores da Lei. Para que tudo isso se concretize faz-se necessária a presença de um profissional qualificado. O trabalho do *químico forense* é analisar as amostras colhidas tanto nos locais onde tenha ocorrido o crime como nas vítimas neles envolvidas. Para que possa lidar com a variedade de amostras, o *químico forense* precisa conhecer todas as áreas da Química, em particular, a Química Orgânica e, dentro dela, a Bioquímica. Isso se faz imperioso uma vez que ele precisará, muitas vezes, analisar materiais de origem biológica como esperma, fezes, sangue e vômitos para, por exemplo, efetuar exames toxicológicos e de DNA. Além disso, poderá ser necessário investigar amostras de fibras, presentes em roupas ou tapetes, no cuidado de investigar a presença de uma possível pessoa a mais, discretamente presente na cena do crime. Seu conhecimento precisa também abranger áreas como Medicina Legal, Antropologia, Computação e Toxicologia Forense necessitando, para isso, de um amplo treinamento em sua área de especialização. Entretanto, a área de atuação de maior importância para o *químico forense* é o seu trabalho como perito criminal. É necessário que o *químico forense* permaneça sempre atualizado, pois terá que decidir quais técnicas disponíveis serão mais adequadas para cada material a ser analisado. No caso das amostras parecerem inadequadas ou insuficientes para o bom andamento da investigação, o químico forense poderá procurar e acrescentar novas provas ou amostras. Lembrando que não faz parte do trabalho de um químico forense a condução de qualquer investigação criminal, por si mesmo, porém lidar com as evidências colhidas nas vítimas ou cenas de crimes.

O ambiente de trabalho do *químico forense* tanto pode ser o laboratório químico como a área de ocorrência do delito. Assim, o profissional vai registrando, meticulosamente, suas conclusões e elaborando relatórios capazes de embasar as investigações podendo, inclusive, testemunhar suas descobertas em um julgamento. Evidentemente isso demandará certas qualidades tais como equilíbrio emocional, para administrar a pressão exercida pelas autoridades a fim de acelerar resultados e aplicar a Lei, ser capaz de esclarecer técnicas de análises complexas, usando uma linguagem mais simples com o objetivo de facilitar a compreensão do corpo de jurados e, ainda, permanecer sereno frente a um interrogatório estressante.

Mesmo que a *Química Forense* seja uma área importante e que desperte enorme interesse perante a sociedade científica, sua aplicação no campo da Criminalística é ainda algo muito novo em nosso meio. Em um passado recente, as pessoas que atuavam na área da perícia criminal eram diplomadas como bacharéis em Química e, para exercerem suas funções, faziam cursos de capacitação oferecidos pelas academias de polícia. Em nossos dias, existem instituições de ensino superior que oferecem o Curso de Graduação em *Química Forense*. Dentre elas estão a Universidade Federal de Pelotas ((UFPel) e a Universidade de São Paulo (USP, Ribeirão Preto).

Os diplomados em Química Forense podem atuar em laboratórios particulares, setores da Polícia, escritórios de legistas, unidades do Corpo de Bombeiros, com esquadrão anti-bombas nas Forças Armadas, aeroportos e na consultoria em agências de investigação. Alguns profissionais podem se especializar no estudo de substâncias químicas associadas a explosivos, operando em cenas onde ocorreram explosões ou incêndios. Na procura por novas técnicas de investigação, sentem necessidade de aprimorar seu conhecimento profissional chegando à formação no nível de mestrado e/ou doutorado.

A atividade desempenhada pelo *químico forense* é bastante desafiadora e complexa. Além de não ter como prever com quais situações se deparará em cada dia de trabalho, precisará exercer ações repetitivas, muitas vezes em pé ou sentados por longos períodos. Terá que usar dispositivos altamente técnicos, com procedimentos rígidos quanto ao manuseio dos materiais em análise e obedecendo a protocolos científicos que certifiquem a confiabilidade e a qualidade tanto das análises químicas efetuadas quanto dos equipamentos empregados para realizá-las.

O químico forense
(Extraído de https://portal.unigranrio.edu.br/blog/quais-sao-os-ramos-da-quimica-e-onde-o-profissional-pode-atuar, acessado em 24/10/2022)

13

SUGESTÕES DE EXPERIÊNCIAS SIMPLES DE QUÍMICA FORENSE COMO INCENTIVAÇÃO AOS ESTUDANTES DA EDUCAÇÃO BÁSICA

Com o objetivo duplo de provocar curiosidade e despertar o interesse dos estudantes da Educação Básica para o estudo da *Química Forense* e sua aplicação no mundo real, seguem seis experiências simples, usando materiais alternativos e de aquisição fácil.

1) **Assunto da experiência**: Técnicas de separação em *Química Forense*.

Título: Cromatografia em papel.

Objetivo: Observar como a técnica da cromatografia pode ser utilizada na análise de amostras.

Teoria: A cromatografia (do grego, *chroma* = cor e *graphein* = escrever) é uma das técnicas de análise mais utilizadas pelos químicos forenses, particularmente em Documentoscopia. Ela tem por objetivo separar individualmente os componentes de uma mistura de substâncias. Na cromatografia em papel, o processo de separação se dá através da migração da amostra em análise através de uma fase estacionária (fixa) com o auxílio de um fluido (fase móvel). O processo cromatográfico consiste na passagem da fase móvel sobre a fase fixa. Desse modo, os componentes da mistura se separarão graças à diferença de afinidade entre o papel e o fluido. Na cromatografia em papel, a separação e a identificação dos componentes da mistura ocorre sobre a superfície de um papel de filtro, sendo ele mesmo a fase fixa. Sabendo que a tinta preta é das mais delicadas para analisar, canetas esferográficas nessa coloração foram usadas na experimentação.

Os componentes da mistura das tintas das canetas esferográficas serão arrastados pelo álcool e interagirão diferentemente através do papel (fase fixa) e do álcool (fase móvel).

Material utilizado: copo de vidro, lápis, pregadores de roupas, régua, tesoura.

Reagentes: álcool, canetas esferográficas na cor preta (fabricantes diferentes), papel de filtro de café.

Procedimento:

a) Corte o papel de filtro de café em tiras iguais (5cm de largura X 10cm de altura).

b) Desenhe, com o lápis, uma linha reta de uma extremidade a outra da largura da tira, deixando um espaço de um dedo a partir da extremidade inferior do papel.

c) Na reta desenhada, faça uma bolinha com cada uma das canetas esferográficas pretas, deixando certa distância entre elas.

d) Coloque álcool no copo em quantidade suficiente para que o volume fique abaixo da reta contendo as bolinhas.

e) Mergulhe as tiras de papel, prenda-as com os pregadores de roupas e observe.

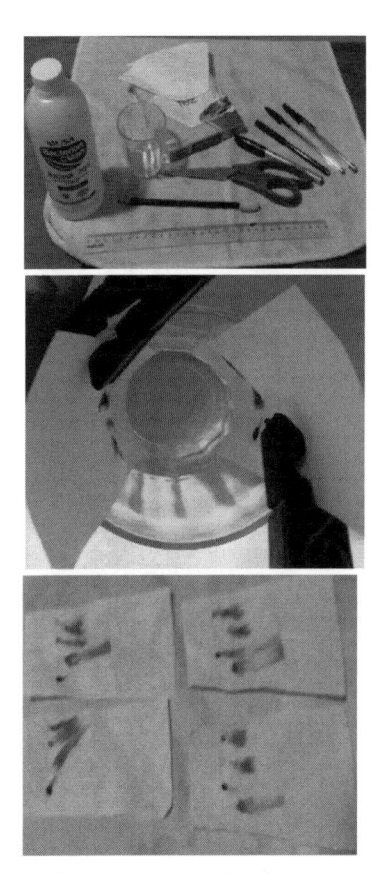

De cima para baixo: **materiais utilizados na cromatografia de papel, procedimento, resultados.**

2) **Assunto da experiência:** Coleta de impressões digitais (I).

Título: Técnica do pó de carvão.

Objetivo: Perceber como pode ser feita a coleta de impressões digitais.

Teoria: A identificação e a análise das impressões digitais, objeto de estudo da Papiloscopia, é uma das técnicas analíticas mais usadas pelos peritos criminais. Ela é aplicável quando as impressões digitais encontram-se em superfícies lisas, incapazes de reter outras substâncias, ou seja, não são *adsorventes* o que torna possível a transferência da imagem papilar para outra superfície, através de pressão.

Nas impressões digitais recentes, as partículas de pó aderem facilmente à água. Entretanto, com o passar do tempo, prevalecem os componentes gordurosos. A interação entre a impressão digital e o pó é de natureza elétrica, ou seja, ocorre pela atração de forças intermoleculares, de natureza eletrostática e de intensidade fraca conhecidas como *forças de van der Waals*.

Material utilizado: fita adesiva (durex), folhas de papel branco ofício, martelo de cozinha, papel de filtro de café, pincel pequeno.

Reagentes: carvão ou grafite de lapiseira, impressões digitais de pessoas diferentes.

Procedimento:

a) Com o martelo, triture o carvão ou o grafite de lapiseira envolvendo-o na folha de papel de filtro de café até conseguir um pó bem fino.

b) Borrife o pó obtido sobre as superfícies que contenham as impressões digitais.

c) Com o pincel, retire o excesso de pó.

d) Recolha as impressões digitais pressionando-as com fita adesiva.

e) Cole as fitas adesivas em uma folha de papel branco.

f) Compare os resultados identificando as diferenças encontradas em cada caso.

De cima para baixo: **material utilizado na técnica do pó de carvão, procedimento, resultado.**

3) **Assunto da experiência:** Coleta de impressões digitais (II).

Título: Técnica do iodo.

Objetivo: Perceber como coletar impressões digitais usando cristais de iodo.

Teoria: O iodo (I_2) cristalino, ao ser aquecido, muda de estado físico, passando da forma sólida para a de vapor. Essa transformação é conhecida como *sublimação*. O calor necessário para que esse processo ocorra pode ter origem em nossas próprias mãos, quando direcionadas sobre o iodo cristalino. Os vapores de iodo apresentam coloração violeta, daí o nome *iodo* (do grego, *iodés* = cor violeta). Quando em contato com uma impressão digital, mesmo em objetos pequenos, ocorre a interação do vapor de iodo com a impressão papilar, através do fenômeno denominado *adsorção física*, gerando um material de coloração marrom-amarelada. Essa ocorrência, que não representa uma reação química, acontece porque as partículas presentes no vapor de iodo ficam aderidas à superfície das impressões digitais, devido às ligações intermoleculares (forças de van der Waals).

Material utilizado: saco plástico.

Reagentes: cristais de iodo, papel impregnado de impressões digitais.

Observação: Caso não consiga adquirir os cristais de iodo, produza-os você mesmo. Coloque 50 mL de tintura de iodo em um copo e acrescente 50 mL de vinagre. Deixe a mistura em repouso, no escuro, por um dia. Filtre os cristais de iodo e deixe-os secar em papel de filtro abrigados da luz.

Procedimento:

a) Em um saco plástico, coloque o papel impregnado de impressões digitais junto aos cristais de iodo.

b) Feche a boca do saco e o coloque em local aquecido para provocar a sublimação do iodo.

c) Observe e conclua.

De cima para baixo: **material utilizado para obtenção dos cristais de iodo, formação dos cristais.**

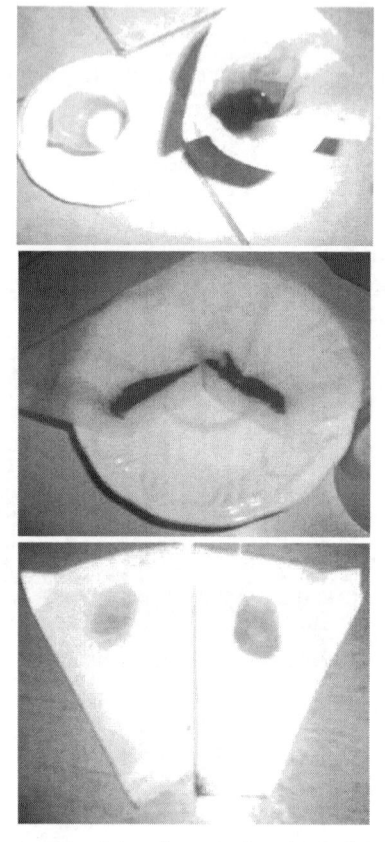

De cima para baixo: **obtenção dos cristais de iodo, secagem, impressões digitais obtidas.**

4) **Assunto da experiência**: Coletando pegadas na cena do crime.

Título: Análise de provas por impressão usando moldes de gesso.

Objetivo: Conhecer como investigar as pegadas presentes na cena de crime.

Teoria: Ao se deparar com uma cena de crime é importante, fora a coleta das impressões digitais, o registro de *provas por impressão*, ou seja, as pegadas presentes no local. Isso compõe as provas de reconstrução dos fatos ocorridos. O valor dessa informação reside em se determinar a direção seguida pelo infrator ou o número de suspeitos presentes na cena do crime.

O gesso é obtido pela decomposição a quente do mineral gipsita (sulfato de cálcio di-hidratado, $CaSO_4.2H_2O$). Ao perder, pelo aquecimento (calcinação) uma molécula e meia de água, o mineral gipsita transforma-se em gesso (sulfato de cálcio semi-hidratado, $CaSO_4.0,5H_2O$). Ele tem a propriedade tanto de absorver como liberar umidade (equilíbrio higroscópico) no ambiente em que se encontra. Presente em diversos revestimentos, o gesso age como inibidor da propagação de chamas, pois libera moléculas de água quando em contato com o fogo. Fora isso, forma com a água uma pasta de grande plasticidade e de endurecimento rápido, o que auxilia a criação de moldes que representem a cópia exata das pegadas de quem esteve na cena do crime, contribuindo para o seu desvendamento.

Material utilizado: areia, clipes de papel, colher, escova pequena, folha de jornal, pote de plástico, tiras de papelão.

Reagentes: água; gesso.

Procedimento:

a) Crie uma pegada bem nítida, com seu próprio pé ou sapato, pisando na areia.

b) Com a tira de papelão, envolva a pegada contornando-a.

c) Enterre a tira na areia, prendendo-a com clipes de papel.

d) Prepare o gesso colocando um pouco de água no pote plástico e, em seguida, adicionando o gesso sempre mexendo com a colher.

e) Despeje o gesso recém preparado na marca da pegada e deixe secar por uma hora.

f) Com o auxílio da colher, desenterre o molde de gesso e a areia ao redor e envolva o molde em jornal.

g) Para que haja melhor solidificação do molde, deixe-o em repouso por um dia.

h) Quando o gesso tiver endurecido, limpe o molde com o pincel.

i) Verifique que o molde final representará a cópia exata da pegada que você criou.

De cima para baixo: **procedimento efetuado na técnica de pegadas por molde gesso, resultado obtido.**

5) **Assunto da experiência:** Extração de DNA de material biológico.

Título: Extraindo o DNA da saliva.

Objetivo: Observar a produção de perfis de material genético presente na saliva.

Teoria: O DNA (ácido desoxirribonucléico), presente nas células de todos os seres vivos, contém as informações genéticas dos seres e, por isso, é considerado *portador da mensagem genética*. Ele se encontra abrigado nos cromossomos, estruturas existentes dentro das células. Para que sejam apartados de outros componentes celulares, as células precisem ser fragmentadas e, o DNA, isolado do conteúdo lipídico das membranas da célula. O uso de detergente permite a desestruturação das moléculas de lipídeos das membranas celulares e assim, com o rompimento delas, haverá liberação do DNA e de proteínas que se dispersarão na solução. A adição de uma solução aquosa de cloreto de sódio ($Na^+C\ell^-_{aq}$) favorecerá a extração do DNA, pois fornecerá cargas positivas (Na^+) que neutralizarão a carga negativa do DNA. Tal carga negativa é devida à presença dos íons fosfato (PO_4^{3-}) em sua estrutura. Desse modo, várias moléculas de DNA poderão coexistir em solução. A presença de etanol permitirá a visualização de uma porção de filamentos fininhos, como se fossem fios de algodão, que representam o agrupamento das moléculas de DNA.

Material utilizado: colher, copo.

Reagentes: água salgada, álcool, saliva, xampu incolor.

Procedimento:

a) Prepare a solução de cloreto de sódio colocando metade de uma colherinha (de café) em meio copo de água.

b) Mexa a solução preparada com a colherinha e, em seguida, faça um bochecho com essa solução durante 5 minutos.

c) Devolva a solução bochechada para o copo e adicione 3 gotas de xampu, agitando cuidadosamente para não provocar espuma.

d) Adicione à solução 2 colherinhas de álcool.

e) Mexa com a colherinha e observe o aparecimento dos filamentos que se agruparão e que mostram a presença do DNA.

De cima para baixo: **material utilizado na técnica da extração de DNA de material biológico, resultado obtido.**

6) **Assunto da experiência**: A cada incêndio, um extintor.

Título: Criando um extintor de incêndio.

Objetivo: Observar, através de uma reação ácido-base, a ação de um extintor de incêndio sobre uma chama.

Teoria: A maioria dos incêndios envolve combustíveis que, com a fumaça, deixam resíduos sólidos diversos assim como acontece com a queima da madeira. Para que um incêndio aconteça é preciso que haja um material a ser queimado, o combustível, uma substância que facilite essa queima, o comburente oxigênio (O_2) e um iniciador da reação química, o calor.

Os incêndios de interesse para os peritos criminais são aqueles provocados pela ação humana, os chamados *incêndios artificiais*. Para cada tipo de incêndio é preciso usar um extintor adequado pois, se assim não for, poderá haver aumento das chamas, com propagação do fogo.

O perito criminal tem a função de localizar o ponto de origem do incêndio e a sua causa. Necessitará, então, coletar material no local da ocorrência a fim de fazer uma análise química. Esta poderá sinalizar se o incêndio foi criminoso, através da identificação de alguma substância química normalmente inexistente no local. Ao contrário do que se pensa, a causa principal das mortes associadas a incêndios é a intoxicação gerada pela inalação de monóxido de carbono (CO) e não as queimaduras geradas pelo fogo. Isso acontece porque a inalação de quantidades significativas de CO provoca a formação da *carboxiemoglobina*, resultante da combinação da hemoglobina do sangue com o monóxido de carbono.

O pó químico utilizado nos extintores de incêndio é uma mistura de bicarbonato de sódio ($NaHCO_3$) e/ou bicarbonato de potássio (KNO_3) mais aditivos como o bórax (tetraborato de sódio deca-hidratado, $Na_2B_2O_7.10H_2O$). Em contato com o incêndio (calor), desencadeia-se uma reação química de decomposição do bicarbonato de sódio, gerando vapor d'água e dióxido de carbono (CO_2) que impede a expansão do fogo, conforme a equação química:

$$2NaHCO_3 \rightarrow Na_2CO_3 + CO_2\uparrow + H_2O\uparrow$$

Na experiência proposta, ocorrerá a reação ácido-base entre o bicarbonato de sódio e o vinagre (CH_3COOH). Os produtos que serão formados são o acetato de sódio (CH_3COONa) e o ácido carbônico (H_2CO_3) que logo se decomporá em água e dióxido de carbono (CO_2) que sairá pelo orifício da garrafa, apagando a chama, conforme a equação química:

$$NaHCO_{3(s)} + CH_3COOH_{(\ell)} \rightarrow CH_3COONa_{(s)} + H_2CO_{3(\ell)}$$
$$H_2CO_{3(\ell)} \rightarrow CO_2\uparrow + H_2O\uparrow$$

Material utilizado: caixa de fósforos, chumaço de algodão, garrafa PET de 600 ml, pires de porcelana.

Reagentes: álcool, pacote de 60g de bicarbonato de sódio, xícara de vinagre.

Procedimento:

a)   Derrame o vinagre na garrafa, deixando-o escorrer pelas paredes.

b)   Coloque o chumaço de algodão sobre o pires de porcelana.

c)   Borrife álcool sobre o algodão e acenda o fósforo.

d)   Acrescente, cuidadosamente, o bicarbonato de sódio na garrafa PET.

e) Incline o extintor para a chama do chumaço de algodão, provocada pelo álcool e observe.

De cima para baixo: **material utilizado na técnica do extintor de incêndio, procedimento.**

14

CONCLUSÃO

Desde o seu surgimento, fruto de casos históricos emblemáticos, a *Química Forense* tem contribuído grandemente para a elucidação de situações delituosas diversas, sempre com a cooperação preciosa de disciplinas afins, como a Física e a Medicina Legal. As técnicas analíticas usadas nas investigações estão sendo aprimoradas constantemente a fim de que delitos sejam esclarecidos e, assim, as punições impetradas aos infratores sejam mais justas, visando a proteção tanto da sociedade como do meio natural. Há que se ressaltar o trabalho desempenhado pelo *químico forense* na coleta de provas, aplicação de análises adequadas a cada caso e interpretação de resultados, auxiliando o trabalho da Justiça. Não se pode esquecer ainda a necessidade de despertar o interesse das novas gerações para esse importante ramo das Ciências Forenses a fim de preparar um futuro cada vez mais justo para todos.

15

ALGUMAS OBRAS CONSULTADAS

ARTIGO

SILVA, Sandey Bernardes da. *Pericia ambiental: definições, danos e crimes ambientais.* Londrina, UNOPAR, v.13, n 1, p.61-64, 2012.

LIVROS

AMORA, Antônio Soares. *Minidicionário da Língua Portuguesa.* São Paulo, Saraiva, 2014.

BRANCO, Regina Pestana de Oliveira. *Química Forense: sob olhares eletrônicos.* São Paulo, Millennium, 2013.

FARIAS, Robson Fernandes de. *Introdução à Química Forense.* Campinas, Editora Átomo, 2008.

VELHO, Jesus Antônio. *Fundamentos de Química Forense.* São Paulo, Millennium, 2019.

SITES (por data de acesso)

http://www.casadaciencia.com.br/quimica-forense-a-utilizacao-da-quimica-contribuindo-na-solucao-de-crimes, acessado em 24/10/2022.

http://cepein.femanet.com.br, acessado em 24/10/2022.

http://wp.ufpel.edu.br/qforense/intitucional/ acessado em 24/10/2022.

http://www.crq4.org.br/print_ver.php, acessado em 24/10/2022.

http://www.ung.br/noticias/descubra-importancia-quimica-forense, acessado em 24/10/2022.

http://pt.wikipedia.org.wiki/Quimica_forense, acessado em 24/10/2022.

http://www.portalsaofrancisco.com.br/quimica/quimica-forense, acessado em 24/10/2022.

http://www.chemicalrisk.com.br, acessado em 27/04/2023.

http://revista. oswaldocruz.br/Content/pdf/Quimica_Forense, acessado em 01/05/2023.

http://oavcrime.com.br, acessado em 01/05/2023.

http://www.abq.org.br/cbq/2019/trabalhos/6/1429-26490.html, acessado em 01/05/2023.

http://pt.slideshare.net/EmilianoAlvarez/50 experimentos simples de Química, acessado em 01/05/2023.

http://jus.com.br/artigos/55192/quimica-forense-a-quimica-que-soluciona-crimes-para-a-policia-judiciaria/2, acessado em 01/06/2023.

http://www.todamateria.com.br, acessado em 26/06/2023.

http://www.policom.ufsc.br, acessado em 26/06/2023.

http://www.infopedia.pt, acessado em 26/06/2023.

http://www.portal.if.usp.br, acessado em 26/06/2023.

http://www.pt.wikipedia.org, acessado em 29/06/2023.

http://www.grupoatomolinea.com.br/introducao-a-quimica-forense. html, acessado em 30/06/2023.

http://www.waters.com, acessado em 30/06/2023.

http://www.analiticaweb.com.br, acessado em 10/07/2023.

http://www.splabor.com.br, acessado em 10/07/2023.

http://www.petquimica.ufc.br, acessado em 10/07/2023.

http://www.greo.mec.puc-rio.br, acessado em 10/07/2023.

http://www.afinkopolimeros.com.br, acessado em 29/07/2023.

http://www.rce.casadasciencias.org, acessado em 29/07/2023.

http://www.cmaa.esalq.usp.br, acess http://www.acessado em 29/07/2023.

http://www.exametoxicologico.com.br, acessado em 29/07/2023.

http://www.brasilescola.uol.com.br, acessado em 29/07/2023.

http://www.tuasaude.com, acessado em 29/07/2023.

http://www.enequipa.com.br, acessado em 29/07/2023.

http://www.forensichemistry.science.blog/luminol, acessado em 29/07/2023.

http://www.cenpre.furg.br, 30/08/2023.

http://www.scielo.br, acessado em 30/08/2023.

http://www2.Is.edu.br>download, acessado em 30/08/2023.

https://www2.uepg.br/pet-quimica/wp-content/uploads/sites/42/2020/02/Quimica-Forense.pdf, acessado em 30/08/2023.

https://www.csj.com.br/blog/ensino-medio-2o-ano-aprende-sobre-ciencia-forense-durante-itinerario-formativo-a7b282, , acessado em 30/08/2023.

https://www.gov.br/cetene/pt-br/acesso-a-informacao/editais-docs/edital-futuras-cientistas-2021/2-lacar_ciencia_forense.pdf, acessado em 30/08/2023.

http://www2.uepg.br/pet-quimica/wp-content/uploads/sites/42/2020/02/Quimica-Forense.pdf, acessado em 31/08/2023.

pt.linkedin.com/pulse/icp-oes-teoria-basica-e-dicas-praticas-rodolfo-lorencatto, acessado em 01/09/2023.

https://g1.globo.com/sp/sao-carlos-regiao/noticia/2022/03/02/unesp-araraquara-cria-metodo-para-identificar-combustiveis-e-bebidas-alcoolicas-adulterados.ghtml, acessado em 25/09/2023.

www.institutocombustivellegal.org.br/medico-toxicologista-alerta-para-alta-toxicidade-do-metanol-produto-que-vem-sendo-utilizado-para-adulterar-combustiveis-em-todo, acessado em 25/09/2023.

https://pt.wikipedia.org/wiki/Dietilenoglicol, acessado em 25/09/2023.

https://www.chemicalrisk.com.br/toxicologia-do-dietilenoglicol, acessado em 25/09/2023.

http://www.einstein.br/noticias/noticia/o-que-e-o-doping, acessado em 25/09/2023.

http://laurentiz.com/doping-no-esporte, acessado em 25/09/2023.

http://cienciacontraocrime.com/2018/10/03food-forensics-analise-forense-de-alimentos-pelos-isotopos-estaveis, acessado em 25/09/2023.

Impresso na Prime Graph
em papel offset 75 g/m²
fonte utilizada adobe caslon pro
fevereiro / 2024